有熊國度

玉山國家公園東境，群山環繞的大分，是黑熊研究小組的主要調查據點。

Taiwan, Yushan National Park

謹將此書獻給

——

讓我不斷學習和成長、

賦予台灣山林野性和靈魂的台灣黑熊。

天佑台灣黑熊。

尋熊記

我與台灣黑熊的故事

黃美秀 著

序一◎洪蘭

保育，先從了解開始

我在美國念書時，一開始念的是動物心理學，田野觀察是必修，所以知道背幾十磅重的設備，脖子上再掛著五磅重的望遠鏡、照相機，爬三十七度斜坡去叢林中觀察動物的辛苦。但是再怎麼辛苦也比不上本書作者黃美秀。除了要背幾十公斤重的設備，還得爬中央山脈，而且觀察的是可能會吃她的黑熊，不像我觀察的是會唱歌的白冠麻雀。所以對她的勇氣，除了敬佩還是敬佩。一個女孩子能深入山林幾年去研究台灣瀕臨絕種的黑熊，真是太了不起了，這個推薦文是一定要寫的。它代表我對為研究奮不顧身的學者所能做到的最小服務。

黑熊雖然被我們票選為「台灣最具代表性的動物」，但是中國人良心歸良心，嘴巴歸嘴巴，一邊喊保育、一邊吃山產的人多的是。要真正保護這些瀕臨絕種的動物，唯一的方式就是像作者這樣，深入了解牠們的生活習性，不破壞供應牠們食物的生態環境，一方面保育，一方面喚起民眾的意識。因為，只有了解才會有認同，有認同才會有行動，有行動才會有結果。

台灣最近經過幾次大天災後，慢慢感到「人定勝天」是不對的，人必須與自然共生共存。這本書出版的正是時候，它很適合做為國、高中生暑期的讀物。當學生了解黑熊在山林中是如何自由自在的生活後，就不會想要吃牠或把牠抓來關在動物園裡。我知道動物園有其教育的必要性，但我還是很不能接受把動物關在籠子裡的做法，尤其像老虎、獅子等大型動物，沒有給牠馳騁的空間，等於是在虐待牠。我自己很愛狗，但因只住得起公寓，所以不敢養狗，怕對牠不公平。

我去小學帶閱讀時，曾把作者「收集黑熊的糞便，看牠吃些什麼」的這一段唸給小學生聽，他們臉上都露出嫌惡的表情，認為「髒死了」。我利用這個機會教育他們說：「髒不髒是在你的心中，你小時候媽媽替你換尿布髒不髒？做什麼事，如果有目的，髒就不是考慮。醫生和護士是不是要清病人的大小便？其實我們怎麼知道恐龍吃什麼？是不是從檢查牠的大便才會知道？許多種子是靠著鳥獸的糞便才得以傳播。如果你想要知道某個時代的人怎麼過生活的，最好的方式就是去看他的垃圾桶，那些嘴巴說他都不喝酒的人，如果垃圾桶中都是酒瓶，你就知道他其實是有喝酒的。」

小學生是最受教的一群，他們馬上了解，只要是自然的東西，都沒有髒的。我希望透過這種實際觀察動物的書，讓我們的孩子關掉電腦，親自到大自然中觀察，因為「觀察」是做科學家的第一個基本條件。

孩子的觀察力是可以訓練的，它會因經驗而愈來愈敏銳。一開始時，作者要靠她的嚮導告訴她熊曾經來過這裡，地上有淡淡的足跡，久一點以後，她的眼睛就能分辨了，不再需要別人提醒了。我看到這一段很感慨，如果每天把孩子關在教室裡念書，我們怎麼能要求他有觀察力？難道我們四體不勤、五穀不分的孩子還不夠多嗎？

這是一本老少咸宜，能夠打開孩子感官的敏感度、鼓勵孩子接近大自然的好書，希望大家都去看它，同時也都能效法作者，把保護台灣的原生物種當作自己的使命！

（本文作者為中央大學認知神經科學研究所所長）

序二◎李香秀

加入美秀，守護台灣黑熊

初聞「黑熊媽媽」黃美秀之名是在二〇〇六年，那也是我首次意識到台灣有黑熊這件事。當時雖還未曾謀面，我的腦海馬上浮現出一位女性孤獨地在中央山脈追熊的身影。更令我好奇地，是什麼樣的意志力讓一位女性在荊棘又崎嶇的中央山脈險境中翻山越嶺，只為了台灣黑熊！？

二〇一〇年六月，一直躊躇著要不要將紀錄片從海洋議題跨入山林主題的我，終於有了行動，決定以黃美秀老師研究黑熊的故事為開端。在美秀老師的協助下，讓我有了一次徹底的山林體驗，也進一步促成「黑熊森林」紀錄片的製作契機。

為了進一步貼近美秀老師在山林做研究的心境，我認真閱讀老師的尋熊手記。這本書不僅勾勒了台灣黑熊在中央山脈活動的境況，更是一位有著無比勇氣與毅力的女性面對自我與反省生命的真實故事。這些經歷深深吸引著我，也因此期待能將這段獨特的歷史經驗從文字化為影像。

因為製作紀錄片之故，這兩年與美秀有數次同行進入玉山國家公園大分地區的機緣。這段時間的相處，讓我親眼目睹了美秀出入山林的優良條件。她總能輕盈地走在山林裡，甚或爬樹也難不了她。我在山裡的笨拙之於美秀的敏捷，使我更加相信老天爺賦予美秀適得其所的美意與重責。美秀潛意識地深信自己的前世為打熊的獵人，到今世來贖罪。這位前世獵人不僅在今世成為研究黑熊的科學家，也是培育下一代研究者的老師，更是黑熊保育的積極行動者。如同她所說的，血液中或許有原住民的血統，抑或是獵人技能在靈魂裡滾動。在我看來，她更像是山中女俠，挺身捍衛台灣黑熊的生存權利。

一九九八至二〇〇〇年的捉熊歷程使美秀的生命顯得光彩，然而光彩背後所付出的代價，是旁人無法理解的。在多次的紀錄片訪談中，哽咽的語調裡透露了許許多多隱忍的淚水。

特別值得一提的是，美秀在書中亦慷慨且毫無保留地描繪了原住民珍貴的生態智慧。難能可貴的是，掌握學術發言權的美秀，懷抱著知識分子的謙卑與坦率，總是不忘疾呼眾人好好地珍惜與保存這份可貴、稀有的資產。

美秀的研究為台灣黑熊揭開了神祕面紗，也為台灣黑熊研究奠下基石。因為有「黃美秀」，台灣黑熊有了守護者。疼惜美秀，也疼惜所有追隨她甘冒風險在山林出生入死、一起為台灣黑熊研究奮鬥的學生與志工們。借由書本的傳播力量，希望有更多人與美秀為伍，加入瀕臨絕種動物的保育行列。

（本文作者為世新大學廣電系助理教授、「黑熊森林」紀錄片導演）

序三◎范欽慧

追熊女俠的求道之旅

我想，如果當初美秀的父母，知道將來女兒長大，會成為第一個活擒台灣最大的野獸——台灣黑熊的女性時，可能會想幫她取一個更剽悍的名字吧。

人生總是充滿未知，但是我相信，當初美秀做了這個決定的同時，對她自己或是家人而言，無疑得面對充滿戲劇性的挑戰。然而，劇情愈有反差，愈是有趣。對看戲的人而言，你一定會好奇，這到底是什麼樣的女孩，會有這樣的膽量，除非是女俠。

小時候看電視，總覺得那些武功高強，在山林間奔走的女俠，為什麼總是穿得一身潔白，看起來精神奕奕的模樣？當然那是假的，真正的女俠原型，可以在美秀的書上看到。那就是一路抓著腳上吸血的螞蝗，鎮日接受小黑蚊的無情肆虐，還能在無數風雨交加的夜晚，裹著潮溼的睡袋過日子，儘管身上千瘡百孔（這是我的想像），最後她終於如願以償地活擒了十幾隻的台灣黑熊。

女俠之所以身懷絕技，正因為她是訓練有素的科學家。那是由大學時代登山社的爬山經歷，與研究所在福山溪谷研究食蟹獴的歷程，和在美國活擒美洲黑熊的種種訓練，所累積下的深厚實力。但是，當她開始面對著家鄉深山中的台灣黑熊時，她悵然發現，原來所有的學習都得重新開始。

這時候，讓她跟這片土地頻率校正、開啟對話的重要界面，正是一路幫助她完成夢想的布農族獵人。於是，那古老傳承而來的山林靈魂，開始跟文明訓練下的科學思維產生了相互震盪，而這一切，正是本書所展現最迷人的面貌之一。

我從一九九七年開始製作廣播節目自然筆記時，就聽聞過美秀的事蹟，當我想要採訪她時，才知道她在美國。沒想到，十五年後，我卻有緣拜讀到她的第一手田野報導記錄，讓我能非常純粹地，從她的文字視野中，好好認識這位科學家。

美秀的這本追熊記，與其說是科學研究記錄，更像是人類學家的田野心得。其中的脈絡詳細明確，人物鮮活，場景真實，故事更是精采動人。

當我身處捷運上或餐廳的角落，儘管在城市氛圍的環繞下，我還是深深地被吸引到那八通關古道東段上的種種畫面裡。我在想，如果我能年輕個十歲，或是我沒有結婚、沒有孩子，我一定自願要當美秀的助理，跟著她去聆聽夜晚黃魚鴞的歌聲，去跟步道旁的黃喉貂相遇，當然還可以去感受黑熊迎面的吼聲。這對於一個喜歡自然的人而言，有此一遭，人生真的死而無憾。

但是，如果一路把故事讀完，你會發現，故事絕不是那麼浪漫。因為在不同年齡下，有著不同的煩惱。儘管每次上山，美秀得背負三十公斤的背包行李，但是我看到的，原來真正沈重的，卻是每個人心中的千斤萬擔。那是包括了論文考試、研究經費、家人、團隊信賴與協調，還有山下或是在天涯外那些魂縈夢牽的情事。

儘管身處紅塵之外，終究要面對的還是人性的種種掙扎。於是這樣的追熊之旅，成為一段追尋生命的行旅。但是我感受到，身邊這群研究猛禽、毒蛇、毒蜂、猛獸的朋友，在他們身上總可以反映出那絕對的堅持、勇氣，以及超凡的溫柔與耐心。透過美秀的黑熊之旅，不僅讓我看到那深山中等待保護、傷痕累累（經常中了獸夾）的黑熊，也看到這群田野工作者在面對如此困頓窘迫、冒著生命危險的研究調查上，所能獲得的有限支持。而他們的調查資料，對台灣生態系的經營管理，具有重要的意義，實在需要獲得更多的理解與重視。

或許正如美秀說的，人生總是要做一件讓自己可以一輩子懷念的事。我相信，在山上研究黑熊的歷程，對美秀來說，絕對只是一個開始，那曾經走過的驚險與刻苦，正是未來無數力量的來源。在此，感謝美秀與團隊的努力付出，也期待因為她的研究成果，能讓台灣山林獲得更全面的珍惜與保護。

（本文作者為生態作家）

專文推薦

我愛黑熊，熊愛台灣

小野

我常常會想像著這樣寂靜的畫面：在中央山脈人煙罕至的山谷叢林中，孤獨寂寞的科學家正循著一些熊爪痕跡和糞便排遺追逐著熊蹤，或許隔個山頭有一隻黑熊正在樹上吃著果實。

其實要研究生息於中央山脈深處的台灣黑熊是非常困難的，直到出現「台灣黑熊媽媽」黃美秀鍥而不捨的進入深山調查研究後，台灣黑熊的神祕面紗才慢慢被揭開。

不久前，黃美秀帶著兩位世界級的熊專家大衛・賈瑟利斯及羅布・斯坦梅茨在師範大學演講，開講前我特別從自己的演講會場趕去拜會她，當面向這位和我同為「師範大學生物系」的學妹致敬，感謝她對「台灣黑熊」保育所做的努力。她可是冒著生命危險做這項研究工作。

「我愛黑熊，熊愛台灣」，希望這《尋熊記》的出版能為台灣黑熊帶來更多的快樂。

（本文作者為知名作家、電影人）

值得一看的好書

李偉文

這不是一本生態研究的論文，雖然從扣人心弦的真實故事中，我們對於台灣黑熊的了解會多於閱讀科學資料；這也不是一本勵志書，但是從「黑熊媽媽」黃美秀勇於實踐夢想、在挫折中反省並且不斷堅持的精神，可以激勵我們追尋屬於每個人自己的生命意義；這也不是原住民文化的調查報告，但是看完這本書我們可以了解原住民那種與土地及自然同為一體的血脈相連感，重新省思都市文明衍生的困境。其實，這是屬於哪一類的書一點也不重要，對於讀者來說，這是一本好看又值得看的書才是最重要的。

（本文作者為牙醫師、作家、荒野保護協會榮譽理事長）

她的影子在大分

邱一新

閱讀黃美秀的手札《尋熊記》，覺得這真是一本引人入勝、深具啟發性的書，令我感觸良多。

就膽識和和理想性而言，美秀讓我直覺想到珍古德與其書《我的影子在岡貝》。因為這書不只是一本珍貴的台灣黑熊記錄，還牽涉到人熊關係、原民文化的思考，更是一份關於信心、人性、友誼、孤獨、挑戰的回憶錄。它生動地描述了一位女性生態研究者，在中央山脈森林深處（大分）做田野調查的一段經歷。

黃美秀能成功尋到黑熊，多少仰賴了布農朋友的帶路，所以，這也給了我期待——如果有天能將「尋熊」轉換成一種非洲式Safari，將原民納入山林體系，取代以前排除人類的保護區觀念，請他們共同經營，帶領大家去踏查，或許對生態保育、重建和原民文化保存，更有助益呢！

（本文作者為旅行作家、《TVBS周刊》發行人）

山裡的快樂時光

林淵源

以前，我對這個社會不太清楚，沒有人教我，後來到了國家公園學到很多。我過去很窮，到管理處上班後，每個月都可以領到薪水，是山為我帶來資產。這讓我想到，十四歲時族裡的老人跟我說，這個山裡有很多資產，以後這個山永遠是你的。老人是族裡最厲害的巫師，很會看，他還說以後我很會打動物，打不完。

後來，玉管處安排我支援美秀，她很認真，一個女孩子在台灣做這樣的研究不簡單。有時候我們會意見不同，但我會想，我應該要支持她才對，所以大部分我還是都贊同她的。

剛開始的時候，我帶美秀從瓦拉米走稜線走一天放餌，都沒有熊來吃。後來我就跟美秀說，研究熊就要去大分，我姐夫曾告訴我說青剛櫟結果的時候大分動物會很多。我們是八月進去的，在學校搭帳篷，我帶美秀去米亞桑，那時候剛好是七月半，整個香楠都被熊打斷。

第一次抓到黑熊的時候我很緊張，那次一星期連續抓到三隻。那個熊喔，會來就一直來，老人也說，只要青剛櫟一多動物就會來。真的是這樣。跟美秀做研究，一開始我是派來支援她的，我很佩服她，我自己也是學到很多。不過，我也有告訴她原住民有關熊的知識啦！那些都是我的爸爸、前輩告訴我的。

美秀個性滿強的，一開始我不太不習慣。以前老人說，在山上不要出事情，在山上如果吵架就是會出事情。我爸爸說，在山上出事情不好，所以在山上我會讓，快快樂樂把事情做得順利就好。不管什麼時候儘量不要吵架，或是說出不好的話，比如說「我要離開了」這種話，這樣就會出事情。像黃美秀那時候去土葛遇上崩壁，就是因為講了「林大哥我要離開大分了」，她一講完就被石頭打到。所以不能亂講話。

美秀做事比較嚴謹，要求比較高，我們有時候因為溝通不良會吵，但鬧一鬧反而感情比較好。最嚴重的一次是為了追蹤熊，我們一直追不到，但是已經盡力，我們也會累啊，她的意思是我們還可以走到更遠的稜線，但是天色都很暗了，大家都想要回來休息。到底是追蹤熊重要還是人重要啊？不過鬧一鬧就好了。我跟美秀像兄弟姐妹一樣，鬧完就大笑。快樂過日子最重要。

（本文作者為布農族獵人、嚮導）

熊媽媽黃美秀與我

張富美

一九九九年初，我成為監察委員之後，開始關注台灣的山林、環保與瀕臨絕種的野生動物。那年夏天，與幾位監委同仁去玉山國家公園管理處巡察，結識當時的處長張和平先生。第一次聽到黃美秀的名字，應該就是從玉管處的簡報資料，當中提起「台灣黑熊生態、習性、族群數量與人熊關係」的調查研究計畫，黃與張列為共同主持人。當時我覺得很感動，那麼年輕的女性在偏遠蠻荒且危機四伏的山區，孤獨勇敢地從事台灣黑熊的田野調查，簡直不可思議。後來，我又陸續看到有關美秀與台灣黑熊的媒體報導，令我印象更加深刻。

二〇〇〇年五月我擔任僑務委員會委員長，十二月底時透過周大觀基金會首度捐款給美秀，希望為她超冷門的學術研究帶來一點鼓勵。此後，我幾乎每年固定捐款給國立屏東科技大學。二〇〇二年春，我接受母校嘉義女中「第一屆傑出校友」的表揚，才發現美秀竟然是我的學妹，實在感到很驕傲。後來，美秀的書《黑熊手記》（本書《尋熊記》前身）出版後，我在公務旅行途中一口氣拜讀完畢，立刻成為她的粉絲，回到台灣就打電話給她，也利用我的人脈，找玉管處的人，請他們儘快把日據時代的危橋修復。那時，張處長已調到營建署，新的處長林青接到我的電話一定滿頭霧水，僑務委員長為什麼關心台灣的黑熊？

後來，我又促成珍古德博士與黃美秀見面。二〇〇六年十月下旬，趁著珍古德來台訪問之便，我請嘉義女中安排一個「珍古德、黃美秀的聯合演講會」，題目是「希望的種子」，結果正如預期的轟動。次年春，美秀獲選為嘉義女中第二屆傑出校友，我還特地南下替校方頒獎給「熊媽媽」黃美秀教授，我也深深以這位優秀的學妹為榮。

在我卸下八年僑務委員長的重任後，有更多心力進一步了解台灣黑熊的保育問題，也積極參加相關的國際會議，這讓我力挺美秀的心意更加堅強。二〇一〇年一月三十日，我們在屏科大成立了「台灣黑熊保育協會」，門外漢的我卻被推為常務理事，覺得有點惶恐。我已年逾古稀，但只要一息尚存，一定會協助美秀為黑熊的保育而努力，也期待更多有心人士加入我們的陣容。

（本文作者為台灣黑熊保育協會常務理事、凱達格蘭學校校長）

願下一代也能寫出自己的「尋熊記」

蘇秀慧

這些年來，美秀這位第一代「尋熊人」盡了十二萬分的心力，來確保我們的下一代仍能在台灣山林中寫出自己的「尋熊記」。

十年前我正在寫博士論文，第一次看到美秀的尋熊手記，當下一口氣就看完了，從字句中再度感受到美秀對黑熊研究的執著，也體會到美秀所描述的山林之美與身在其中的悸動。那一夜，我的論文沒再多寫任何一個字。

我自己也從事野生動物研究，美秀書中所描述的研究過程與感受，可說是道盡野生動物研究的歡喜與哀愁。其強度跟研究對象的體型大小及稀有性、研究地的海拔高度，以及研究者對研究的執著程度似乎是有一些相關性。我想美秀的研究已是極致，也因此我們更能從她的經歷感受到台灣野生動物保育的迫切性，以及她決心完成「不可能任務」的強大意志力！

（本文作者為國立屏東科技大學野生動物保育研究所助理教授）

目錄

Contents

如果研究本身也是生活的一種，
那就應該學著享受研究生活。
一如探索生命的本質，
該問的是如何賦予生命意義，
而非生命有沒有意義。

——黃美秀

尋熊路線圖

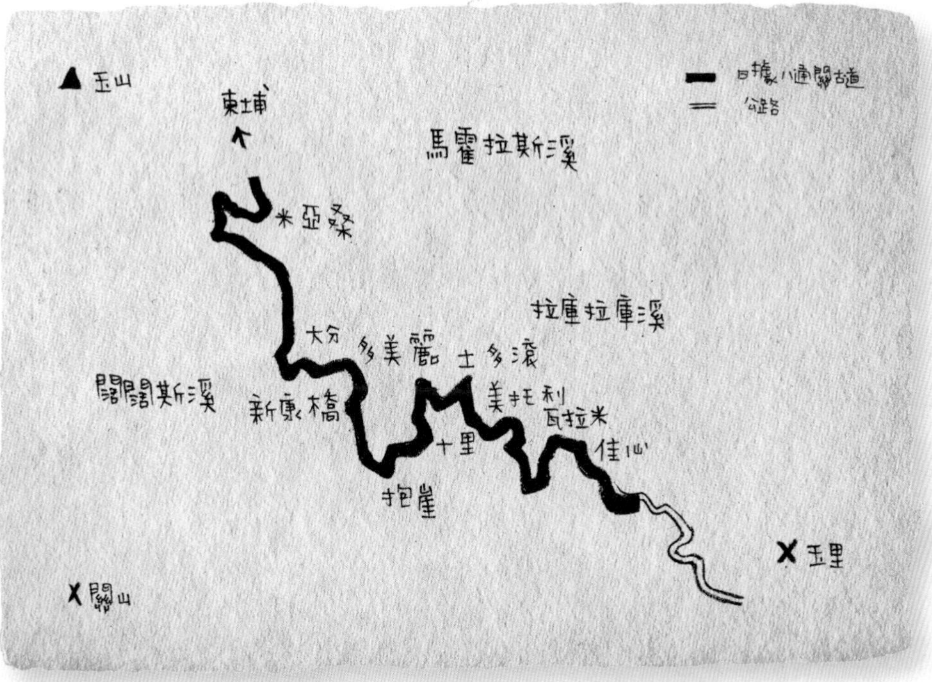

前言

深入有熊國

我之所以會做台灣黑熊的研究，完全是機緣所致。

一九九六年，決定至美國明尼蘇達大學保育生物研究所就讀之際，正好兩位教授皆有意收我當博士班學生。其中一位願意讓我自由發揮，選擇任何我有興趣的研究題材，這讓我十分高興，因為我亦有意繼續深入我剛完成的碩士論文研究，即一種小型靈貓類動物食蟹獴的行為生態，這是我十分熟悉的動物。另一位，大衛・賈塞利斯（Dr. Dave Garshelis）卻告訴我，他只收做熊的學生，黑熊是我唯一的選擇，我則興趣缺缺。

到了美國，繼續與兩位教授聯繫一段時間之後發現，大衛治學十分嚴謹，著作等身，而且總能及時並清楚回覆我提出的問題。他刺激了我做黑熊研究的動力，因為我渴求一個能夠讓我跟隨的學術典範，而且他也願意認真指導我從事科學研究，而非放牛吃草。所以，我決定選擇一條不好走的路，大衛成了我的論文指導教授，黑熊成了我朝夕相隨的夥伴。

這本手札寫的是正我在進行博士論文期間，從事台灣黑熊野外研究的故事和心路歷程

（一九九七至二〇〇〇年）。裡頭記錄著我個人於此段歷程的成長，以及與台灣山林、黑熊和布農原住民共處的經驗。書中內容主要摘選自野外研究時，野外所記錄的十本洋洋灑灑的手記。手記中，我盡量挑選對我個人有重要啟示作用，以及富故事性、教育性的情節。在成書的過程中，忠實地呈現手記中記錄的故事情境及當下的心情點滴，是首要的原則；之後的文詞編輯與潤飾，目的在於增加全文的連慣和流暢性，並提供讀者一些額外的重要資訊。此外，我也於最後增寫了一篇回國之後繼續漫步熊徑上的心得，藉機檢視這些日子以來的變化。

有一分認識，就多一分疼惜

在那段「逐熊而居」的日子裡，我「好像愛上寫東西或記錄，它變成是一種冥想的方式，一種習慣，思考與獨處的過程」，「好像它能讓我重新審視這刻骨銘心的生活，為自己記錄生命軌跡的同時，也讓心靈沈澱淨化。這樣一對一的對話，最後反成一種苦難中的莫大享受。並不是為了以後要出書而寫，而是當下的一種歷程。這使我想起一些在集中營或牢獄的人，會利用時間偷偷寫作，這是一種寄託，也是一種生命的展現。每個人都有能力去選擇安置靈魂的方法。苦讓生命深刻了……」（二〇〇〇年八月五日16:20）。如今，我方了解這種自我對話本是一種自我治療、安撫、激勵的過程，尤其是當深處於不確定及困難的環境中，比如捉或追不著熊、三番兩次遇到颱風、病痛求助無門等。

然而，對於此書的出版，我一直有幾分惶恐，除了涉及私人札記的公開以外，將自己過去做研究時的種種錯誤、遲疑、惶恐，以及批評意見如此昭告天下，也是很恐怖的事。但是，如果說我在黑熊的研究過程中，是不斷從錯誤中學習，從挫敗中站起來，自是盼望其他後學亦能從我的經驗中減少日後嘗試錯誤的機會、進一步了解野外研究的可能實況。

另一方面，也希望這些故事能讓讀者認識所謂的「野生動物研究者」，絕非鎮日身著迷彩裝、脖掛望遠鏡、背負背包，在風光明媚的山林裡終日與研究的動物為伍，一副不食人間煙火的逍遙模樣。在真實世界裡，野外工作有時面臨的是最基本的求生訓練，而長期離群索居、週而復始的研究工作，有時也絕非單純地個人興趣可以支撐或解釋的。藉著分享我於野外研究第一線上的見聞和心情故事，期望國人對台灣深山這後花園的蠻荒原始與寶貴，以及瀕危的台灣黑熊多一分認識，進而對我們共同生長的這片土地多一分疼惜。這才是出版此書的最重要的動機，雖然並非最初動機。

原本以為難登大雅之堂，但十年前首次發表時卻意外地收到很多迴響。這些「黑熊粉絲」從國小低年級學生到退休人士都有，職業和性別不拘，以至於我也無從定位起這本書的屬性，究竟是動物科學、女性主義、探險旅遊、環保，抑或科普人文。十年過後，我已從博士班研究生變成了大學教授。當年的手札得以全新面貌再次出版，我的心中有著十分複雜的感受。

坦白說，我並不是很清楚為什麼我的故事會讓人感動，甚至還得了一些獎項、被機關學校列為推薦讀本。然而，也有些評論指出，這本書雖具科學專業度，但談不上文學代表之作。還有一位我很敬佩的資深女性動物生態研究者，曾在與我閒聊時語重心長地表示，「過度強調野外環境的惡劣和研究的艱辛，有時反會勸退一些有興趣生態研究的年輕學子。」若真有這樣的情況，那就不是我的原意了。

充其量，這本書只是我個人成長的一小段歷史罷了，其中更不乏錯誤的學習，以及曾被網友無意點出的「難搞」性格。野外生態研究的面貌十分多元，難度和樂趣皆不一，我的故事不過是因為研究動物和環境的極端特質，加上個人求好心切的急躁個性，而為這篳路藍縷的求道路上，憑添了幾分驚險。另一方面，我也看到許多令人鼓舞的書評或網路留言，讓我不禁懷疑，這些活生生的故事經驗是否比我辛苦收集的科學數據，更能讓人願意了解台灣黑熊的生態及保育的意涵。

撒下種子，共同譜寫台灣黑熊的希望故事

環境使然，當年這些手札以《黑熊手記》之名出版時，我曾感覺像是「出賣」了我與黑熊的祕密，為自己換得一筆不無小補的進修學費。十年過去了，此刻的新版再出，我衷心期盼此書可以真正為台灣黑熊的保育盡一份心力。

自從開始接觸野生動物生態研究以來，深感台灣民眾普遍對本島的野生動物、山區生態環境、生物保育所知十分有限，這是很遺憾的事，也往往成了自然資源保育無法落實的主要窒礙。事實上，成功的黑熊保育或大部分保育工作的進展，端繫於整個社會的動員和參與，然而這絕非一朝一夕所能成就，更不是發表幾篇科學研究報告所能達成。因此，如果真要走生物保育這條路，與其當一隻埋首鴕鳥，對學術研究以外的一切置之不理，不如期許自己也能及時當個播種者，鼓勵更多人來認識和關心保育。

二〇一二年二月六日，在為研擬台灣黑熊保育行動綱領的工作坊中，一百多名與會人士為台灣

黑熊勾勒出以下願景：**「確保台灣黑熊在自然環境內永遠存在，同時保有自然的棲息地及可存續的族群。」**這代表著台灣人對於未來黑熊的深切期盼，也就是希望台灣黑熊能在自然環境內與台灣子民共存共榮。

台灣黑熊曾被民眾票選為台灣最具代表性的動物，但仍有部分民眾認為，保育黑熊是很遙遠或與自己無關的事。事實上，台灣黑熊的野外族群目前正處於危險的狀況（已列瀕臨絕種保育類野生動物），亟需全體國人嚴肅面對此議題。

黑熊為台灣最大型的食肉動物，具有獨特的生態、保育和文化的功能和價值。若能成功保育此受威脅物種，不僅攸關此物種於本島的保存，更代表大範圍森林生態系的完整性和整體生物多樣性的保護，以及全民的生活環境品質。就人文面而言，這同時反映出我們關照人類以外的其他眾生的人性素養，也絕非像少數人所批評，只是狹隘的單一物種保育計畫而已，實則更兼具了生態指標和台灣意象的多重意義。

儘管每個人願意保護台灣黑熊的理由可能不一，但我們絕對有義務，也是責任去維繫牠們的永續力，捍衛牠們生存的權利。因為，物種一旦消失了，猶如覆水難收，況且我們根本沒有權利剝奪掉下一代本應擁有的自然遺產。與熊為伍以來，我也深切體認若欲積極改善台灣黑熊的族群狀況，除了有賴政府採取積極的復育行動之外，更需要全體民眾共同參與和努力。每個人起碼都可以助其一臂之力：不吃（或使用）、不買、不殺！

因此，期盼我於「有熊國」冒險犯難的故事具有承先啟後的作用，可以讓更多的人認識並關心台灣黑熊的未來。讓我們共同撰寫出另一章你我與台灣黑熊的希望故事。

第一章

叢林裡的活百科

接近溪谷時，大哥指著地面上乾枯的樹枝說：

「這是熊爬樹折斷的。」

我察看附近的樹幹，果真有黑熊的爪痕。

這才發現，自己的邏輯和這近十年來所受的科學訓練，

在依自然法則運作下的叢林，以及非主流範疇的大哥面前，

正受著嚴苛的挑戰與考驗。

01

時間｜1997.8.22—1997.8.26
地點｜南安遊客中心、瓦拉米、阿不郎
夥伴｜林淵源、吳俊達、吳嵩慶、李靜峰

一九九七年六月，匆匆結束美國明尼蘇達大學的課業，我急著飛回台灣，希望能在這個暑假選定幾個比較有希望及潛力的地點，進行台灣黑熊的實地野外探勘。

七、八月上旬，我先後探勘了專為保護黑熊及其棲地而成立的拉拉山保護區、出雲山保留區，以及玉山國家公園西境的楠梓仙溪林道之後，我開始擔心，在預定的三年野外調查期間內，能否捕獲任何黑熊。

在這些被認為最有黑熊出沒可能的地點，我設置的約六十個黑熊餌食站，都沒有食餌的紀錄，也沒有發現新鮮的黑熊活動痕跡，只有極少數留在樹幹上的爪痕，看來十分陳舊。如今，希望只能寄託在瓦拉米山區（玉山國家公園西南境）的餌食站調查結果了。

當我流連在花蓮卓溪鄉的布農族原住民部落，尋問黑熊的消息時，經驗豐富的原住民獵人不約而同地告訴我：「要捉熊，要到大分。那兒有許多『Harvida』（布農語，殼斗科的青剛櫟）。十月到十二月，黑熊就會集中在那裡吃果子。」

然而，要到大分，談何容易！

不入熊山，焉得熊子

大分位於玉山國家公園的中心地帶，雖然離南安登山口只有四十公里的步道距離，卻是人跡罕至。據說，步道上有的只是日據時代遺留至今的危險吊橋及棧道，大部分路段則是雜草蔓生、無路可循，光是一趟路程便要三、四天。

這個遙遠的「大分」讓我心生莫名恐懼。我該選這個危險而遙遠的地方來做研究嗎？然而，交通便利的山區往往因為人為活動頻繁，使得熊跡難尋。無論如何，在尚未覓得合適的研究地點前，只要有任何希望或機會，似乎都沒有理由放棄，好歹總該一探究竟。「不入熊山，焉得熊子」。

於是，我自告奮勇向玉山國家公園管理處說明我的黑熊研究計畫。雖然管理處對此計畫的可行性似乎半信半疑，仍同意由園內極受推崇、山野經驗豐富的林淵源先生協助我進行此次探險。林淵源先生對大分並不陌生，因為園區東境正是他祖先的活動競技場。對於我的邀請，他欣然接受。電話中，他說：「一個女孩子研究黑熊，很奇怪，不簡單，一定要幫忙。」

八月二十二日早上，在玉山國家公園南安遊客中心，我正和吳俊達、吳嵩慶、李靜峰（綽號「五木」）等義工們，打點著今早要啟程的裝備時，一位頭上綁著毛巾、腰繫山刀、腳著雨鞋（鞋筒還向下翻折）、一身運動衫褲的原住民男子，朝我們走來。這身裝備，和我印象中的登山行頭（排汗衣、登山鞋、登山杖）相比，顯得很不正式且怪異。我正納悶怎麼會有這樣一個人出現在這裡，等他走近，我才發現他就是我們這次深入玉山國家公園東側山區的嚮導林淵源先生（之後我都暱稱他「大哥」）。

看到他從背後拿下來的背架時，我心裡涼了一下。

他的背架很簡單，只是一片木板，肩帶上繫住背架的紅色塑膠繩已脫了線，看起來隨時可能斷裂；背架上還有一個用黑色橡皮帶綁著用來裝家畜飼料的尼龍袋（後來才知這背架是大哥父親的遺物）。我不自覺地回頭看了一下自己的名牌登山背包，顯得突兀且太光鮮。

一陣寒暄後，大哥突然要我們將他事先吩咐買來的四瓶米酒拿出來，然後將四瓶米酒倒入他帶來的兩個寶特瓶內，瞬間就減輕了四個玻璃瓶的重量。大哥不經意間露了一手！

一切就緒後，我們開始朝大分地區前進，並且計畫於途經瓦拉米時檢視一個月前在該地設置的誘食站。

由南安登山口到瓦拉米的十四公里，沿途所見，不時把我喚回在師大生物系三、四年級的時空隧道裡。那時，我經常利用課餘（或是蹺課）跟隨王穎老師大江南北到處跑，參與野生動物的田野調查。學姊陳怡君及吳幸如當時就在這裡進行山羌及山豬的研究。我隨著她們穿梭在幾乎未開放的步道上，以及與肩齊高的「過貓」（過溝菜蕨）林中，進行動物捕捉繫放和無線電追蹤工作。如今，她們二人都已成家立業，野外研究也告一段落。我雖是舊地重遊，那份熟悉感卻無法驅趕掉一個人即將獨挑大樑的恐慌與壓力，因為再也沒有人能夠告訴我下一步該怎麼走。畢竟，這是我一個人的研究計畫。

在這條草木叢生的步道上，我仔細地觀察記錄此時有哪些果實成熟、數量有多少。了解動物的食性，可以說是野生動物研究的第一要務。在很多人的印象中，熊類是食肉目的動物，因而誤以為熊只吃肉。其實，除了專吃肉類的北極熊，以及吃箭竹的貓熊外，世界上其他的六種熊類，都是標準的雜食性動物。季節性成熟的各種果實，都是牠們重要的食物來源。然而，對於台灣黑熊所吃的食物，除了從零星的文獻得知牠們可能會吃一些容易捕捉的瘦弱草食性動物外，我實在一點概念也沒有。

一路上大哥不忘告訴我，黑熊吃的植物果實包括 Harvida、Himus、Doan'an、Vak、Naga'stragano……這些布農族語讓我聽得一頭霧水，連發音都抓不準，搞得他啼笑皆非。然而這些也都是他長期在山野活動的個人觀察心得，或是老一輩傳承下來的經驗。如獲至寶的我，趕緊用羅馬拼音記下來。

原住民靠山吃山、靠海吃海，歷代累積下來的傳統生態智慧及知識，源於人與自然環境互動的經驗，攸關族人的存續。這些知識，對於一窺黑熊生態習性，也極具參考價值。後來，在森林系出身的志工五木的辨識之下，才知道這些植物依次為青剛櫟、土肉桂、台灣雅楠；至於 Vak 和 Naga'stragano 則可能是楨楠屬的大葉楠、假長葉楠，結果期剛剛結束。

綠野現「熊」蹤

我們計畫在海拔一千公尺的瓦拉米地區停留兩天，檢視餌食站，並在附近走動，希望找到黑熊活動的痕跡。瓦拉米源自日語譯音，原布農族地名為「Maravi」，意為「一起來」，日本人則轉以「蕨」同音的諧音。大哥領著我們在不見天日的暖溫帶常綠闊葉林裡四處鑽動，所走之處多為獸徑，很多地方還須靠他用山刀開路，才得通行。

突然，大哥蹲了下來，看著地上，並用手指比劃了幾下，轉身對我說：「這是熊的腳印！」我一聽趕緊靠近，卻只看到滿是枯枝落葉的地面上，似乎有一片如手掌般大小的區域較為裸露，我實在無法看出那是熊腳印。他小心翼翼地彎腰向前走了幾步，像個拿著放大鏡的偵探一般，又告訴我說：「你看，這隻熊走的是下坡的方向。」他指向我們行進的獸徑前方。我仍然看不出來，心中不禁斟酌：該不該相信他的話？同時也擔心，連這個痕跡都無法辨識，會不會讓他懷疑我真有能力做熊的研究？

我們在檢視一個月前設置的五個黑熊餌食站*時，意外發現黃麻吊橋下溪旁掛餌食的山龍眼樹幹上，有數條深深的熊爪痕。我端詳這痕跡，至少有一個星期之久了。這是此次暑假期間設置餌食站中，唯一有熊跡的紀錄！這個發現，大大振奮了我的信心。

在瓦拉米山屋的兩晚，本以為話不多的大哥，在幾杯米酒下肚之後（不知道是因為酒精的效應，還是飯後放鬆了的緣故），話匣子一開，忽然變成了另一個人。此時，他像個滿腹經綸的老道說書者、又像是個在布農族打耳祭慶典上誇耀狩獵戰功的英勇獵人，滔滔不絕地說起各種野生動物的生態習性、傳統布農族狩獵的風俗習慣，還有他和父親奔馳於山野間的過去種種。他神采奕奕，完全不似白天時的沉默拘謹，平常偶爾會因一時找不到正確措辭而停頓的國語，此時也如行雲流水般，揮灑自在。他好像已經進入了另一個時空。我趕忙摸出筆記本，在昏暗的燈光下，記下他的話——這是可以確認我們真正所處時空的唯一依據。

大哥說，布農族稱黑熊為「Dumad」，有兩則流傳已久的黑熊傳說：

首先是黑熊與雲豹的故事。很久以前，黑熊與雲豹（Wuganaf）是好兄弟。有一天，二人決定在彼此的身上畫上漂亮的圖案。首先，老大黑熊認真地為雲豹塗上美麗的斑紋。然而，輪到雲豹時，雲豹因為懶惰，將黑熊的全身塗得黑黑之後，只在胸前畫了一個新月形的白斑。黑熊沒有看到胸前的斑紋，只看到黑漆漆的身體，十分生氣，於是追趕雲豹。還好雲豹反應快，迅速逃跑了，黑熊追不上。自此以後，牠倆就翻臉了。雲豹小弟在愧歉之餘，每逢捕獲獵物時，經常只吃內臟，而將剩餘的獵物屍體留給黑熊大哥。

另一個故事則跟小米有關。以前的小米一株只長一粒米。每次煮飯時，只需要取一粒小米，便可以讓全家吃飽。有一天，一個布農族的懶媳婦，居然一次把家裡所有的小米都拿去煮掉了，結果整個房子都是小米，所有的人和動物怎麼吃也吃不完，最後只有靠黑熊和蜜蜂才把小米吃光光。小米被吃完後，那主人再也不敢住原來的房子，便在旁邊再蓋一間房子住，而且每年都要祭拜那間舊房子。這傳說與布農族的吃熊肉禁忌有關：吃熊肉時，不可以和小米、蜂蜜或其他甜食一起吃。

二十四日清晨六點，不知道是猴群的吼叫聲還是鬧鈴聲把我吵醒了。這時，大哥正站在瓦拉米山屋的屋頂上，用對講機聯絡南安遊客中心。得到的消息與昨晚差不多，兩、三天後，有一個颱風將直撲台灣。早餐時，我們面色凝重地討論行程。大哥認為，原定前往的大分地偏路遙，途中尚有多處需要涉水而過，單程起碼費時兩天，若出狀況，不容易及時應變。所以，他建議改往瓦拉米北岸的阿不郎，那兒是他父親移居平地前居住的地方，黑熊還不少，如果遇到不妙情況，可以在一天內衝下山。我不多話地聽著他的分析，雖然實在想去大分，最後仍是尊重他的意見。

志工俊達因為腳踝扭傷，不宜長途翻山越嶺，又怕拖累隊伍，於是和另一位志工嵩慶決定今日先行下山，我們其他三人則前往阿不郎。

不識字的百科全書

離開山屋，我們沿著小山稜下切至拉庫拉庫溪谷。一路上，大哥會在樹幹砍下一片樹皮當作記號，我們也看到了前人留下的相同舊路標。每到一處落腳休息的片刻，大哥常會消失幾分鐘，甚至一、二十分鐘。起初以為他只是找地方上廁所，後來才知道大哥一則前去探路、了解路況、尋找好走的路；二則是到處看看、發掘新事物（比如鹿角），了解地形及地貌。於是，我也學著跟在他後頭到處走走，經常會發現一些驚喜，比如動物的活動痕跡、骨骸，也藉此和他聊天。

大哥走在前頭，清除路障，遇到不好走的地方，會停下來告訴下一個人要怎麼走才安全，然後目不轉睛地盯著那個步步為營的人，直到大家都跟上了，再繼續前進。

接近溪谷時，大哥又停下來，指著地面上乾枯的樹枝說：「這是熊爬樹折斷的。」我抱著「他怎麼知道」的疑問，察看附近的青剛櫟及台灣雅楠的樹幹，果真發現黑熊的爪痕。即使我相信原住民生態知識的價值，但真正和它正面接觸時，我才發現，自己的邏輯和這近十年來所受的科學訓練，在這片依自然法則運作下的叢林，以及非科學、非主流範疇的大哥面前，正受著嚴苛的挑戰與考驗。

大哥所有的狩獵技能，都是從小時和老人學來的。他國小時，休學好幾次，因為喜歡跟著父親或其他老人到山上打獵；學校老師總是緊追不捨，三番兩次把他挖回學校念書。最後，好不容易國小畢業了，國中的第一個學期（大約只念了一個月），就決定放棄。所以，他總取笑自己不識字，只會寫自己的名字。但幾天相處下來，我發現，他的山野經驗及對布農族文化的了解，可能是一本百科全書無法盡述的。

中午在溪谷生火煮麵時，大哥不知從哪兒弄來一根黃藤心和過溝菜蕨的嫩芽回來加菜。我們在附近的一大片石壁下，發現一個用樹幹搭起來的架子，架子上有吊索、鐵夾、山豬和山羊的頭骨、一包衣物、一包白米等食物。這是獵人的獵寮，位置十分隱蔽而乾燥。架子的外圍地上還擺著四、五個大鐵夾，大哥說那是用來捉熊的，防止熊來破壞這些東西。他笑著拿起一個鐵夾解釋說：「鐵夾的另一端只用鋼索綁在一根小小的木頭，怎麼能夠捉住那麼大隻的動物（熊）。」他笑得更開心了，並補充說：「這獵人應是去年冬天溪水少時，涉溪到對岸的瓦拉米打獵。」*

下午四點不到，在涉過高度過膝的拉庫拉庫溪水後，我們選擇了一處平坦的沙地紮營，架起一張藍白條紋的塑膠雨布。水聲轟轟響，迴盪溪谷的大赤鼯鼠尖銳長鳴，一聲又一聲傳來。這一晚，我們圍著營火取暖，我告訴大哥，我在美國參與美洲黑熊研究及捕捉的經驗，以及美洲黑熊的種種，試圖不誇大其詞地證明我也有一些獨特的經驗，以及回國從事黑熊研究的決心。打從決定以黑熊做為博士論文研究開始，我便知道絕對無法一人單打獨鬥在台灣做黑熊研究；我需要可以互相信賴、吃得了苦的野外研究夥伴。此時，我希望取得他的認同與信賴。

大哥安靜而專注地聽著我的故事，偶爾插入一些問題。那些問題告訴我，他正在思考我的話，我很高興能夠獲得他的回應。看他興致勃勃，我於是鼓起勇氣問他願不願意和我一起在玉山國家公園做黑熊研究。他想了一會兒，然後鎮定地說：「從認識你到現在，我跟你說的話都是實在的……」這坦誠而直接的對白讓我吃驚，一股暖流滑過心頭。他很願意和我從事黑熊研究，「我喜歡待在山上，喜歡動物。」

看著縮在睡袋裡、呼吸聲十分沉穩的大哥，他應該入睡了。我想，除了捉熊的期待相同外，我倆的價值觀、文化背景到底有多少相似之處？這差異會不會影響我們可能的合作機會？

阿不郎，大哥的老家

還未嗅到颱風的味道。但今早（二十五日）的時間感覺要比平常晚一些，因為溪谷上方的萬丈光芒無法照進峽谷裡。起程打包時，才發現大哥偷偷拿走我背的睡墊、鍋具等器材，還不肯還給我背。今天要從溪谷上切到海拔二千公尺以上的阿不郎，落差將近一千五百公尺，坡陡且無路可循。我們一路上不多說話，汗流浹背，全身濕透，只能藉著調整呼吸及步伐的節奏，稍微減輕體能上的疲累。

阿不郎源自布農語「Aborur」（石灰），因該區盛產石灰石得名，布農族居民屬巒社群。大哥的老家位於一窄稜上，此時房子只剩下石板堆砌的地基和殘缺的牆壁，在蔓生的草叢中若隱若現。中午，我們拿出昨晚沒吃完的冷飯和一些乾糧充飢。可能是觸景生情，大哥一口氣說了三個以前老人「生平第一次」的真實故事，我們全都笑得東倒西歪，差點就把剛滑入口的飯噴出來。

「林爸那時仍住在阿不郎山區，有一回下山到玉里，嘗到生平第一次的冰棒之後，買了一些放在背袋裡，打算帶回部落給小孩及親友們吃。走了一兩天的路回到家後，發現原來的冰只剩下一灘水，大罵賣冰的老闆欺騙他。」

「有一次，林爸把打到的獵物拿去平地賣，掙得了一筆錢之後，到一家麵館吃麵。他掏出十塊錢給老闆，結果老闆煮了滿滿一整桌的麵（十多碗）。林爸只好拚命地吃，最後還是吃不完，林爸把剩下的麵打包帶回家。到家之後，麵已經壞掉了。」

「以前，有位族人去電影院看一部美國西部打鬥片，當老人家看到男主角快要輸了時，趕緊站起來、大聲嘶喊、激動地揮舞山刀，向前跨步想要協助片中男主角。坐在身旁的朋友趕緊把他拉下來，告訴他，這是『電影』。」

在溪谷附近，我們陸續看到台灣蘋果、山枇杷、長葉木薑子的樹幹上有清晰的熊爪痕，有的是很完整的五條，有的只出現四條或三條而已，痕跡的新舊程度也不一。正結果的土肉桂樹上的痕跡就非常新，樹汁從爪痕中流出，還黏黏的，可能是最近幾天才留下來的。循獵徑下至塔洛木溪，這一晚，我們仍是紮營溪畔，但因沒有帶地圖，已經不知道置身何處了。

晚上才八點多，滿天星斗，大哥及五木早已進入夢鄉；爬了一整天的坡，還有什麼能比躺平大睡一場更幸福呢！我躺了一會兒，腦中盤旋著「該在哪裡做黑熊研究」的老問題而輾轉難眠，索性鑽出睡袋，將河邊撿來的木材加入要熄不熄的火堆裡，把明天中餐要吃的菜炒好、裝進便當，再為自己煮了一杯咖啡。在頭燈微弱的餘光下，趕寫進度落後的日誌。

急行軍下山

一如昨晚討論的行程，今天得趕在颱風登陸前下山。大夥兒起得特早，六點半不到，我們就拔營上路了。可能是昨晚灌太多水，我一早就拉肚子，所以只吃麥片粥和一塊沙奇瑪。一整個上午仍然是在爬坡。我們由以前的獵徑切入八通關古道*。殘存的古道路面多鋪粘板岩石板道，逢上下坡則設石階，遇溝渠則架橋設墩。古道雖已荒廢久遠，草木竄生，道路中央或石階縫隙，已長出粗大的樹木，但古道的規模仍可見，且保有寬約二至二．五公尺的清晰路跡。古道途經茂密的原始森林，激發人思古之幽情，我遐想著先人如何背負重擔、穿梭於此的畫面。古道多依等高線而築，以免過度攀高，坡雖緩，卻又臭而長，蜿蜒曲折。有些路段則滿覆芒草、灌叢，或無路基，我們只得時走獵徑，時走古道。中午，我們已置身雲霧中，不敢多停留，十分鐘內吃完便當，或著應該說是「吞」下比較貼切。

不久，飄起綿綿細雨。山路沿著卓溪山東稜緩緩而下，在稜頂路上，風夾著雨迎面撲來。一緩坡處，兩位原住民蹲坐在營地內烤火，雨布就架在路旁。大哥前去打招呼，其中一位是他的表哥，另一位亦是他的親戚。兩隻狗不顧主人的吆喝，朝我們吠了好久，其中一隻狗只有三隻腳（可能是誤中陷阱所致）。他們說今天早上才上山來，下午就要回家了。他們用布農語交談，除了「Dumad」（熊）這個字之外，我什麼也聽不懂。大哥只告訴我他們是上來打飛鼠的。我們停留約半小時，便繼續趕路。接下來的路上，殼斗科的大樹很多，底層植被茂密，看似個動物樂園，但動物活動的痕跡卻不多，我納悶著這附近打獵的情況，卻不敢問大哥。

等到依稀可以看到東邊的花東縱谷時，我們早已汗流如雨，我麻木的腳掌已有些站不穩了。大哥用對講機與南安遊客中心聯絡，通知他的家人下午五點到山腳下來接我們，並要林大嫂準備晚餐。我們緊跟著大哥，持續急行軍陡下，果真在五點準時抵達溪床，大哥的妹妹 Evi 及妹婿魏友仁已經坐在那兒等我們了，並用布農族傳統迎接打獵歸來的獵人的方式迎接我們。他們帶來了一些吃的東西；一瓶冰綠茶很快被我們咕嚕咕嚕喝光，寶特瓶裝的米酒，我們輪杯喝著，配著花生和鮪魚罐頭，又開始聊起「熊經」、「獵績」，討論該如何捉熊。魏大哥也是個經驗老練的獵人，也曾打過熊。

這下子，魏大哥對於我的獵熊行動興致勃勃，似乎很有興趣加入我們的行列。若真如此，兩個獵熊獵人加上一個黑熊女研究生，不也是個絕妙的搭檔。希望他倆能等到我明年此時再回來。

—**餌食站**　餌食站的設置，是將餌料懸掛於離地約三公尺、離樹幹約一．五公尺的樹枝上，藉以吸引黑熊爬樹取食，而在樹幹上留下爪痕。這是估算區域黑熊數量的參考指標。這趟暑期餌食站調查結果顯示，台灣黑熊的造訪率只有一．三％——這還是在精挑細選的地點。和北美地區美洲黑熊的餌食站的造訪率通常為一〇％至四〇％比較之下，我們的黑熊似乎可用「十分稀少」一詞來形容。

—**打獵季節**　冬季是最好的打獵季節，通常從十一月到隔年三、四月。除了是趁農暇之便外，此時非雨季，颱風及雨水較少，獵人外出活動較為安全，動物的形跡也較容易掌握；底層植被生長速率緩慢，路徑維持及通行較容易；氣溫低，捕獲的獵物不易腐敗，而致命的毒蛇及虎頭蜂的活動也比較少。

—**八通關古道**　是清光緒元年（西元一八七五年）為開山撫蕃所築的橫貫道路。自南投竹山通過拉庫拉庫溪北岸，至花蓮玉里，全長一百五十二公里餘，為台閩一級古蹟。

第二章

有熊國「大分」

我從來沒把捉不到熊的心理準備告訴任何人
——沒人喜歡這種開始。
我只告訴自己：盡力而為。
後來，我才知道，
這些籌碼比我想像中更小、更有限，
但是那無懼的勇氣，卻把我帶入一場連做夢都想不到的旅程，
我這輩子都不會忘記。

02

時間｜1998.8.7—1998.8.18
地點｜大分、米亞桑
夥伴｜林淵源、魏友仁、林志強

一九九八年六月初，好不容易結束了美國學校的兩年修課，而且通過了博士班的資格考。原本以為可以立刻打包飛回台灣進行調查工作，但是論文口試評審小組在聽完我的研究計畫報告後告訴我，他們很擔心我在野外花了三年的時間，結果只捕捉一或兩隻熊，這樣的研究樣本數，除非是密集追蹤動物，而且收集到詳細的資料，否則很難達到博士論文要求的水準——也就是說我畢不了業。或者，更差的情況是一隻熊也沒捉著，那結果就更不用說了。

起初，這讓我有點沮喪，因為論文研究計畫書的成形已整整花了我兩年的時間。這兩年讀了堆積如山的研究報告，逐漸抽絲剝繭、釐清研究方向、架構與方法；參與指導教授 Dr. Dave L. Grashelis 和同學的美洲黑熊野外調查，增加實際捉熊及麻醉處理的經驗。更重要的是，在最後終於累積了自己一人即將扛起研究的勇氣和信心之餘，我只想瘋狂地跳入野外，實際展開野外調查。

如今，捉不到熊的疑慮，卻把我困在學校的圖書館一整個月，並且密切地與另一名共同指導教授 Dr. Dorothy Anderson 合作，加強及籌擬原住民與台灣黑熊互動人文調查的研究子題。

論文評審小組建議，我應該增加計畫書中有關黑熊保育的社會人文範疇的比重。最簡單的理由是：人的數目比熊多，也不會像熊一樣到處亂跑，萬一捉不到熊，仍可因收集到足夠的人文調查資料而順利畢業。此外，野生動物的經營管理，無非是「人」的經營管理；成功的黑熊保育，不僅繫於我們對於該物種生物學的了解，也包括對影響該物種存續的因素（比如非法狩獵）的探索，以及地方居民對保育工作的認同與參與。論文評審小組對我的研究所表現出的坦誠、審慎及用心良苦，讓我十分感激，他們不僅期待高水準的研究，也關心學生畢業與否的現實問題。

一探虛實方罷休

七月，我終於如願打道回府，正式展開在美國朝顧夜盼的實地研究。幸運的是，去年回台探勘研究地點時，與玉山國家公園管理處取得聯繫，管理處已經答應共同合作黑熊研究。黑熊正是玉山國家公園的代表徽章，不久前，管理處才成立「黑熊監測研究小組」。該計畫主持人師大生物系的王穎教授，是台灣黑熊研究的權威，也是引領我走入野生動物研究的啟蒙老師。我心想，有這樣的搭檔，應該是邁開成功的第一步了。

這次回來，帶著一年前回國探勘時所沒有的自信心，然而，我很清楚自己手中的籌碼還是有限。我從來沒把捉不到熊的心理準備告訴任何人——沒人喜歡這種開始。我只告訴自己：盡力而為。後來，我才知道，這些籌碼比我想像中更小、更有限，但是那無懼的勇氣，卻把我帶入一場做夢也想不到的旅程，我這輩子都不會忘記。

根據去年探勘的結果，我計畫以瓦拉米當作捕捉黑熊的研究地點。對此，我沒有絕對的把握，因為該處的熊跡仍然很稀少。七月，在卓溪鄉布農族部落進行黑熊訪查時，一年前的「熊、大分、青剛櫟」不斷迴盪耳際。去年，安排的大分行程因颱風作罷，我決定先去大分一探虛實，否則我不會甘心也無法忘情。

這次同行的除了林大哥之外，還有他的妹婿魏友仁及姪子林志強。這次的勘查，對他們還有「尋根」的重要意義。魏大哥熟稔狩獵、山林經驗豐富，是我們特別聘用的助理。志強則如同現今大部分的原住民年輕人，偶爾會上山走走，但從未深入人煙罕至的森林；強調文化傳承的大哥自然是把握機會鼓勵他參與，希望他看看自己的老家。有些東西無法在課堂上講解，實地的現場示範方能展現出文化的精神、力量與美感，這些才是「根」之所繫。我也期盼在這次旅程中看到布農族的傳承。

第一天的行程總是又臭又長，一則是體能的調適，二則是背負著重裝。我們走得很慢，走走停停，登山口至瓦拉米雖然只有十四公里，我們從早上七點至下午五點幾乎馬不停蹄；每一步都在考驗著我對此研究的執著。我一路上想，如果真的選擇大分做為研究基地，付出的代價就是與世隔離——只有沉默的群山相陪，和自言自語的孤獨對話。

這路徑和一年前相比，似乎是好走些，但動物好像變少了，沿路只聽到一聲山羌的叫聲。在瓦拉米煮飯時，我看到志強正在沖洗一隻烤好的飛鼠，忍不住問是哪兒來的，他和在場的魏大哥都有點不知如何回答，最後告訴我是路上遇到的三個砍草工人送的。我開始意識到，他們好像不太願意讓我知道一些事，有時在談話中，他們會話鋒一轉，改說我一竅不通的布農語。慢慢我才發覺，「信任」是人與人溝通的最大癥結所在，這反倒成了我日後進行野外調查時的第一個課題：成功並不完全在於收集多少研究資料，而在於開誠布公的互動下，與夥伴一起完成一趟又一趟的任務；況且兩者有時並不衝突。

瓦拉米→石洞→多美麗→大分

一般遊客通常只能走到瓦拉米山屋，之後便屬生態保護區*，需要有特殊的入山許可證才能放行。另外，雜草蔓生的小徑以及險惡的地形，也讓遊客卻步。但是，我們仍在柳杉造林地中發現剛被使用過的營地，遺棄的瓦斯罐和免洗餐具散落一地。路上幾個廢棄營地也有散亂的雨布、鍋具、漁網、潛水裝備。據大哥說，有些是研究者留下來的。台灣不只登山客的素質有待改善，研究人員也不例外（我告誡自己別重蹈覆轍）。我們沿途撿了一些還可以用的鍋子、鍋鏟，背往大分。

瓦拉米到大分約二十四公里，我們卻花了三天的時間。這段步道平緩，沿日據八通關越嶺道東段*而行，隨拉庫拉庫溪谷上繞山腰而行。有些路段因土崩石落或是山豬的翻拱，路徑難辨，得要大哥和魏大哥輪流走在前頭披荊斬棘。幸運時，我們可以在古道上昂首闊步，但絕大部分時間是在芒草叢中屈身鑽動，或在崩壁、懸崖上攀上爬下，時而又在整片高度及腰的闊葉樓梯草海中用蛙式前行。

沿路共有六座日據時代所建的吊橋，有的橋墩倒塌或橋面傾斜；斑駁的木板橋面，不是長滿青苔，就是早已腐朽，每每踏出一步，都得提防踩空或滑倒。沒有橋板之處，我們便走在生鏽的鋼索上，猶如表演空中特技的丑角一般，只不過鋼索下方並沒有架網，而是深淵中的一匹飛泉！每次只能一人過橋，還生怕這古意盎然的老橋會支撐不了。

很多棧道也因為中海拔雲霧帶特有的潮溼氣候，加上年久失修，有的早已不見蹤影，有的則零零落落旋盪在山壁上。我們得鋸木頭、重新鋪架或補強方能通行，或者乾脆繞道而行或從橋下走。在鋪橋造路及手腳並用匍匐前進之時，隱沒於荒煙蔓草的日人戰死紀念碑、警官駐在所、原住民部落的遺址，散發著歷史古意，吸引我們的駐足，適時調劑了因驚險而緊繃的神經。

我終於了解，為什麼我們的目的地是個連原住民獵人都不願意前往的地方。他們總說「太遠了」、「不好走」。這一路上走著，各種疑惑斷斷續續飄過心頭，有時是念著彼此心知沒有未來的美國男友，有時是自問何時可以像大部分同學一樣成家立業、何時可以回家陪伴日漸年邁的雙親、如何和眼前這群夥伴溝通，有時則質疑起大費周章、冒險犯難來此的真正目的。最掛心的還是研究方法；事實擺在眼前，這野外調查絕不是全然按著計畫書執行即可的，意外可能多過想像和事前規劃。想歸想，各種路障很快又會把我的注意力帶回腳步上，無暇再顧其他。

第一個熊窩

從瓦拉米山屋之後，鮮有人跡，野生動物的痕跡和瓦拉米至登山口路段相較，大異其趣。一路上，隨處可見山羌、山羊的腳印和排糞，以及山豬的拱痕。魏大哥補充說，以前這裡的山羌之多，有如「老鼠」般到處跑來跑去。我們在城墩風貌完好的十里駐在所上，發現一具大雄山豬的完整骨骸，白骨已略長青苔；志強找到大獠牙，打算拿來做項鍊，我則收集頭骨當標本。

直到山陰（二十公里處），我終於看到傳說中的「熊窩」。部落訪查時，原住民告訴我：黑熊會在地面上折芒草做巢。我有點不相信，因為我所閱覽過有關亞洲或美洲黑熊的各種文獻，都沒有這種報導。熊窩位於步道旁懸崖邊，被壓折扭轉的芒草已經乾枯，圍成一個碗形或像大鳥巢的構造，外徑約一百五十公分、內徑六十五公分，看來已有些時日了。我的訝異及讚嘆似乎讓大哥及魏大哥感到十分欣慰，好像在宣告著：「現在，你相信我們以前告訴你的話了吧！」這也是此番入山以來的第一筆黑熊觀察紀錄。

這個經驗讓我又學了一課，傳統原住民的生態知識不僅可以與已知的科學資訊相互驗證，更可為科學的未知提供線索，或者其他可能的答案。科學的其中一個特色，便是講求證據，或者說，一般野外研究者多半只相信自己親自收集的資料，或是信賴用系統性的科學方法所獲取的研究結果，對於口傳的資訊多採半信半疑的態度。這種質疑態度本是無可厚非，但是，在面對傳統原住民長期與自然環境密切互動，經歷代累積而傳承下來的豐富自然知識時，這種非主流、非學界的資訊，近年來卻逐漸受到學界重視，被視為是正統科學之外、探索自然的另類知識來源，以及開啟探索人類適應自然的另一扇窗。我在後來的研究期間，也陸續收集到更多「熊窩」的第一手資料。

在抵新崗（二十七公里處）之前，大哥忽然停下來說：「你看。」我朝他指的地面看去，卻沒發現什麼。他加強語氣說：「熊大便！」我愣了一下，趕緊蹲下身尋找。滿是落葉的地面上，有團像麻花捲的咖啡色排糞，全是動物毛髮，測量的直徑是三．五公分，裡頭主要是山羌毛，竟也有小山豬的獠牙。這是我在野外看到的第一個熊大便。後來，我們又在多美麗駐在所（三十三公里處）附近發現二個熊排遺，一個排糞裡頭都是山羊毛和少許的骨頭碎片，另一個則是十分新鮮的橄欖綠色，裡頭有未消化完全的植物草莖和種子。我把它們一一裝入封口袋內，當做寶貝般；這些糞便透露了野外黑熊什麼時節吃些什麼食物。

在新崗傾斜而破舊的鐵皮工寮內，被柴火燻黑的臉盆底部有清晰的熊爪痕；丟棄在新康營地（二十九公里處）的塑膠罐、保特瓶、空罐頭，也有熊啃咬的痕跡。新康過後的某瀑布下方（三十公里）、碎石坡的路徑上，我們發現了熊腳印，但後腳跟的部分並不明顯，我在筆記本上寫下「十五公分長、十三公分寬」的紀錄，這是我第一次足以辨識的熊腳印。沿著腳印方向，可以看出這熊跟著步道走，與我們同向。

才相處幾天，原住民長期活動於山野而鍛鍊出來的敏銳觀察力，在兩位大哥身上一覽無遺。通常都是他們先看到有趣的東西，再喚起我的注意。步道旁的峭壁上，有個口徑約二個拳頭大的石縫，我看不出有何異樣，直到魏大哥強調裡頭有蜂窩，我方注意到飛進飛出的小蜜蜂。洞口十分乾淨，有明顯被扒抓的痕跡，他看到我那疑惑的表情，補充說：「那是熊挖的。蜜蜂如果沒有好木頭住，會在石縫內築窩；但不是（人要）找就有……熊這次吃不到蜂蜜，但是，下次還會常來蜂窩這裡挖一挖。」果真一個月後，我再經過此地，蜂窩已經不見，洞口被扒得更乾淨了。原住民告訴我，熊喜歡吃蜂蜜（包括蜂巢）或甜的東西；看來，卡通片裡的維尼熊喜歡吃蜂蜜的故事是真的。

大分，熊的祕密花園

古道從海拔三百公尺的登山口緩坡而上，蜿蜒三十四公里之後，因為濡潤的大崩壁而前去無路。我們在海拔一千七百多公尺的多美麗改道，直接爬坡陡上切至海拔二千一百公尺的稜線，再朝西下切到海拔一千一百公尺接上古道。這些坡度都在七、八十度以上，我後來就稱它為「好漢坡」，這是從大分要回家的第一關。稜線西側溪谷便是拉庫拉庫溪上游支流的闊闊斯溪，以及對岸的大分，此時，都在雲霧飄渺中。

五個小時的上、下爬坡，都在古木參天的原始針闊葉混合林裡。再重回古道後，腳跟因站不穩而有飄飄然的感覺，但隨即映入眼簾的是綠意盎然的古道；兩側茂生的土肉桂此時正值結果期，幾棵樹幹上還有熊爪痕。這兒空氣乾燥多了，林相明顯與剛翻過來的山的那一頭（楨楠屬植物優勢）不同，青剛櫟和二葉松是主要的植物組成。從這兒到大分駐在所不到兩公里，我調整上氣不接下氣的呼吸，也試圖按捺激動的情緒——那是在國小遠足時，在走了好久好遠的路之後，快要接近目的地時的那種緊張與期待。

古道末端是大分吊橋，橫跨闊闊斯溪，長約一百公尺。雖然橋兩端的橋板都沒了，但橋面十分乾燥而平坦，幾個獼猴糞便散落其上，和之前走過的吊橋相較顯得穩健安全多了。過橋之後，一條筆直而路徑清晰的石砌步道緩坡而上，兩側樹林幾乎全是青剛櫟樹，許多樹幹有密密麻麻的熊爪痕，還可以看出那是不同年代留下來的；去年被熊折斷的枯樹枝仍掛在樹冠上。沒想到，橋的這一方會有如此不同的景象。

走出幾乎不見天日的青剛櫟林內的古道之後，眼前為之一亮。踏上幾步石板台階，兩側赫然出現兩根水泥石柱，有個鐵皮牌示「大分，標高一三五〇公尺」。一株老梅樹半傾斜地長在門口旁的石砌牆上，像個守門人似的。大分駐在所*位於闊闊斯溪西岸的河階地，幾年前的一場大火，燒毀了日據時期的建築物和原住民留下的房子，如今只剩下鏽紅色的鐵皮和鐵具、破碎或被燒融的玻璃；堆高的牆墩和鋪設地面的石板，依稀可以看出當時的風貌。

根據楊南郡等人的研究報告指出，日據時代，此處劃設大分社，有十一處小社；大分駐在所是整條八通關警備線上的重鎮，健行者多宿於此。駐在所種有桃、李、梅、柿等果樹；設有小學、診療所、酒保、蕃童教育所、蕃產交易所、養蠶室、招待所、槍支彈藥庫、演武所。十多棟房屋沿山坡建築，猶如梯田。舊有建築在稍高平台上，石牆四周設有槍眼，圍牆四個角落有平台，各有一尊臼砲，戒備森嚴。警備員、警丁、眷屬等全部一百多名。

林大哥的懷舊之情和對過往者的虔敬，在他的臉上及激亢的語調中一覽無遺，或是在他所說的故事裡流露出來。他最愛談的故事，不外是英勇的布農族民抗日史蹟，比如拉荷阿雷兄弟的抗日、與泰雅族霧社事件齊名的「大分事件」，或者是以前和老人一起打獵時，奔馳於山野的豪邁。他在一棵大二葉松旁放了一捲紅布，前頭置一大石板，燃香三柱。石板中間擺上一個路上撿來的塑膠碗，用來盛米酒，還有豬肉、米酒、餅乾、糖果、一碗煮好的泡麵、兩個檳榔等祭品，以及兩個用來占卜的十塊錢銅板。石板兩側各放著紙錢，他說右邊的是給好兄弟，左邊的是給山神和土地公。然後叫我和志強一同拜拜及獻酒。我問他為什麼要綁紅布，他說：「這個地方比較黑，需要紅布。和我一起做研究的人可以靠近，但不是和我們同一群的靠近不好，除非他能拜拜或敬禮。」我欣然尊敬他的個人信仰，寧可相信人與大自然的關係需要有幾分敬畏。

抵大分之後，除了在大分停留一天之外，我們還探勘了南方的賽谷和北方的米亞桑；柔腸寸斷的古道，加上崩壁、橋斷，我們數次溯溪渡河，路程比前幾天的更艱險。然而，野生動物卻沒讓我們失望，我們時常可見山羌、山羊、水鹿、山豬的蹤影。這兒的動物不像人為干擾較頻繁的地區一般見人就跑，牠們時而駐足與人相望，不知道是誰看誰。也許牠們大都還沒看過人類呢！我們也記錄到更多黑熊食用的植物名錄，包括台灣蘋果、山枇杷、山櫻花、台東柿、楠木等等。

「我決定在大分做熊了！」

此時的青剛櫟果實只有一丁點大。青剛櫟的果熟期在十月至十二月，因此現在仍很難預測未來實際的結果狀況，也就無從得知到時黑熊的可能形跡。如果於果熟期間，黑熊集中於大分地區，我們也許還有機會捉到熊，這似乎比在某一個地方耗費多時，最後卻連一隻動物都沒捉到的結果要好。當然，在此遇到熊、觀察熊的行為，以及撿到牠的糞便的機會，自然也較大；每年還可以持續定期捕捉繫放，追蹤族群動態。此外，林大哥熟悉附近山區，我在翻山越嶺之餘，無須擔心迷路問題；人為干擾少，也有助於了解野生黑熊的生態習性、減少研究的變因及不確定性。

然而，險峻的地形姑且不談，最基本的問題在於物資和後勤人力的補給，以及如何在有限的經費下，把數個月所需要的食物及器材運上山來？從登山口到大分的路程，不但驚險而且耗時，光是來回腳程便要近一星期；又有幾個人願意和我長期待在山上，過著沒有電、自來水，也沒有對外通訊系統的生活？

十七日回程下山，心頭的結仍未解。我背著大背包坐在大分的橋頭，等著其他人到齊，心裡仍是想著這幾天反覆思索的問題，是否該冒險一搏把研究地點改在大分？雖然這幾天的觀察結果充分顯示，沒有比大分地區更適合從事黑熊研究的地點了，但是那不確定性似乎遠超過我所能掌握的。

一如後來王穎老師在聽了我對選擇研究地點的分析之後說的：「這個投資（選擇大分）是個無底洞，你自己要有心理準備。」

突然，魏大哥走近我，說：「美秀，你有沒有看到那坨熊大便？」我搞不懂他說什麼。他接著說：「那坨大便是今天早上大的，昨天傍晚我經過時，還沒看到。」我低頭看所坐的橫木的正下方，有一坨鮮綠色的排糞，感覺好像還在冒煙。「沒錯，是熊的！」我趕緊東張西望，好像那熊就在附近。

我不發一語，望著橋下滔滔溪水。待大家都到齊時，我起身準備過橋，回頭對大哥們說：「我決定在大分做熊了！」他們對我微笑。

生態保護區　二〇〇〇年，登山口至瓦拉米地區列入生態保護區。

八通關越嶺道東段　日人據台以後，為控制先住民，並統治山地，乃於民國八年（一九一九年），動用番社勞役，另闢理番道路，稱為「八通關越嶺道路」，在沿途要隘設置三十四個駐在所。

大分駐在所　清朝時，大分譯作「打訓」，台語發音與大分類似；源於布農語「Dahun」（水蒸氣），指其地河畔溫泉冒出的蒸氣。郡社族人稱為「Mongnavan」，意為「河階平台」或「開闊地」，故又有「莫庫拉蕃」、「夢那邦」的漢諧音譯名。

第三章

捉熊，談何容易

僵持的沈默中有人不爽地冒出：

「沒有鐵皮怎麼蓋房子。」

「好，我去找！」我起身離席，戴上手套，走向瓦礫堆裡。

下山的前一天下午，我們終於把「家」蓋好了。

唯一的家具是一張剛釘好、高度及膝的餐桌。

03

時間｜1998.9.11—1998.9.20
地點｜塔塔加遊客中心、大分
夥伴｜林淵源、魏友仁、謝光明

「師大黃小姐！」九月十一日的清晨六點，中興航空地勤人員把我從睡夢中叫醒。設定四點半的鬧鈴聲沒有把我喊醒，或是它根本沒叫！已經好久沒有蓋棉被的感覺了，長期以實驗室為家，只有睡袋伴我眠，所以這一覺睡得特別沈，也可能是行前作業過度疲累所致。

前晚十一點，我與陳怡君從台北開著裝載滿滿一車補給與器材的箱型車，抵達玉山國家公園的塔塔加遊客中心，在此等待飛入大分的飛機。這是三個月長期抗戰的研究補給。為此，我動員了師大研究室五、六位的夥伴，到大賣場協助採買；結帳時，收銀台小姐望著三輛滿滿的推車說：「你們是不是要移民？」

據我所知，這也許是台灣利用直升機補給野外生態研究的首例。為了租用直升機，打了無數的電話詢價，等到確定班機及行程之後，山區惡劣的天氣一再延宕預定的行程，我只能耐心等待。等待，在日後反而成了研究的例行作業。

六天前，從登山口步行出發的其他夥伴，在大分等我會合。我擔心他們會因為等不到我而決定下山了。後來他們才告訴我，如果我再晚一天入山，他們就打算下山了，因為糧食所剩無幾，連日的雨勢也把他們困在一張雨布下，無處可去。

天上二十分鐘，地上走三天

直升機只能負重六百公斤左右（包括我在內）。我精打細算，把所有的裝備一一秤重，仍無法把東西都運上山。光一趟飛行就將近十萬元，根本是研究經費無法負擔的；但是，如果改聘挑夫，一星期來回的路程，加上有限的個人負重，以及每天二、三千元的日薪，算下來可能遠遠超過直升機費用。況且，是否能找到願意負重去大分的原住民，都是個問題。

匆匆趕到臨時停機坪之後，沒看到直升機的蹤影。地勤人員告訴我，因為天候的關係，他們已經十幾天沒有飛行了，所以直升機得先執行進度落後的玉山北峰氣象站的工程。然而，才回來飛了兩趟，天空便開始飄起一絲絲的雨滴。飛行教官說，霧峰已經下起大雨，此時只能靜待，看雨會不會停。

天空的雲層很厚，雨滴也愈落愈大，我們把堆在地上的一箱箱補給趕緊搬回車上。晚上，氣象預報發佈持續豪雨特報，我心頭冷了一大半。上床時，只能帶著順其自然的心入睡。我在日誌寫下：「……並不擔心，因為我一定要等到。而且我相信，當上天要助我一臂之力時，祂一定會適時伸出援手。」

十二日的清晨，出乎意外的一抹藍天。直升機的第一趟飛行，連我在內約有兩百多公斤，第二趟則達四百公斤。一趟飛行時間只有二十分鐘，我蹲坐在搖晃的機艙內，如釋重負，拿著借來的V8試圖捕捉這第一或是唯一的歷史鏡頭——雖然知道拍不出什麼好東西。群峰綿延，盡在腳底，我不知該用什麼形容詞來描繪台灣的山巒之美；一種純然而原始的感動排山倒海地侵蝕著每一個細胞。事前的籌劃準備、聯繫協調與等待的疲累，好像都在此刻釋放於這廣闊的天地之間。

捉熊，談何容易

林大哥和魏大哥以前分別各有捕獲兩隻及三隻黑熊的經驗，但是要活捉一隻毫髮無傷的黑熊，這還是頭一遭。以前的老人家也沒傳承這樣的經驗，捉到的熊多半是死的。對於如何捉熊，大家似乎也眾說紛紜。

林大哥滔滔地說，只要給他一把麻醉槍，他就有辦法捉到熊。他會選擇黑熊出沒的路徑，躲在樹上等待；看到熊時，打牠一槍就搞定了。

乍聽之下，這似乎是個簡單迅速的捕熊方法，好像是在電視上常見的場景：研究者從飛機或吉普車上，輕而易舉地開槍麻醉大型野生動物。但是，那是在大草原或是空曠的地區。在台灣，山雖美，卻也是野外研究窒礙難行的原因之一。我們使用的麻醉藥在打入動物體內之後，藥效在兩分鐘至五分鐘之後才會慢慢產生，在動物真正倒下之前，牠會反擊或逃跑。林大哥說，若熊跑掉，他可以追；若熊反擊，他可以跑得很快，我就必須站遠一點，因為我的反應沒有他快。我聽了大笑，因為事情不會這麼簡單。

然而，動物被追趕時，通常只會跑得更快，而激動的生理反應則會影響麻醉藥的效果。況且山區陡峭的地形，沒人能保證昏沉沉的動物不會掉下懸崖或溪谷，或者人真能在藥效消失之前找到動物。有些研究事宜我必須堅持，所以委婉地將涉及安全及行政上的考量分析給他們聽。雖然研究工作得因地制宜，而且我們擒熊氣旺，但也沒有理由在沒有審慎的計畫下，拿研究動物、甚至是研究夥伴的生命來冒險。如果只是為了便宜行事，那我也看不出為何要遠渡重洋到美國，學習一套人家已發展並應用三、四十年的研究經驗的意義了。

似乎沒有人質疑我捉熊的技術或能力，因為台灣沒有人專門捉活熊。台灣黑熊的數目很少，行蹤不定，是猛獸，「擒熊」談何容易。我將王穎老師從美國買回的熊陷阱拿給大哥們看，散發出一股濃濃的鐵鏽及油漬味。這是一組套腳式的鋼索及踏板，我在鋼索的一端還加了一段彈簧，可以緩衝被捕獲到的動物掙扎時的張力，這是一種避免動物受傷的安全設計。大哥們上下翻動著陷阱，微微點頭，發出一聲拉得好長的「嗯——」。

大哥不知從哪兒找來一個大臉盆，我們放入陷阱及俗稱的原住民菸葉，加滿一盆水，生火煮沸，味道嗆人卻可將鐵漬味沖淡。聽說有些研究者，為了驅淡人的體味，避免驚嚇嗅覺敏銳的動物，甚至還會把自己的工作服連同草葉一起煮。我並不想在一開始就讓剛剛組隊成軍的夥伴們，覺得我在吹毛求疵，所以只是隨口帶過而已。

設陷阱的藝術

接下來的幾天，我們尋找黑熊較有可能出沒的地點，設置捉熊陷阱。我們先將陷阱設置好，但沒有開啟，只希望在下個月真正進行捕捉時，讓這次因設置陷阱所造成的環境干擾及味道減到最低，增加捉到熊的機會。

由於上個月的探勘，大哥們對於陷阱地點的挑選早已有腹案。這點我們仍略有不同意見，但基於他們對地形及動物習性的了解，我多採用他們的建議。

我們將陷阱設於稜線附近、青剛櫟林裡、芒草原和樹林交界處、溪流旁。至於擺設陷阱的位置，則由我挑選方便麻醉及動物活動安全的平坦地點，再尋找足以套住黑熊的粗大樹幹拴住鋼索。然後，在樹幹的周圍堆積樹枝和木頭，形成一個高過一公尺的漏斗狀的小室，開口正是陷阱的入口，餌食便擺在小室最內側的樹幹基部。當黑熊要取餌時，必須通過這唯一的通道，而其腳踏之處便是陷阱機關所在。

這樣的陷阱比起一般原住民將套索直接擺在動物路徑上，再加一些掩蓋物，要麻煩而複雜許多。在聽我說完一些國外捕捉及處理美洲黑熊的經驗，並示範完第一個陷阱的作用之後，大哥們喜孜孜地強調，「台灣的熊很聰明，美國的熊很笨」，建議我使用原住民的方法，不要死腦筋，只知道西方的做法。對他們來說，我的做法似乎太費事了；但是後來，我卻發現他們反而比我還仔細。

接下來，我們每個人輪流負責設置陷阱，其餘的人則幫忙收集需要的木材、石頭，或者挖洞。我看到每個人苦思的表情，努力地拼組具有個人風格的第一個黑熊陷阱。個人特色加上就地取材，所以沒有一個陷阱長的一樣，都是藝術品。比如有一個陷阱全是由一人合抱的粗大二葉松樹幹圍成，架勢十足；竹林裡的陷阱，由竹子圍成，上頭還覆蓋著石板屋頂，像是小矮人的住屋；位於賽珂稜線上的陷阱，則由大石頭堆架而成，再覆蓋青剛櫟的樹枝當外牆。

一起完成幾個陷阱之後，大家心照不宣地達成默契，知道自己要做些什麼事。通常林大哥會跑來跑去、找好地點，並在我進一步確認之後，他便清理場地。魏大哥則多負責挖掘放置踏板的洞穴、準備餌食（蜂蜜及飯各一碗），以及在附近樹上塗抹吸引熊的氣味劑。謝光明的力氣最大，所以他多負責找木材或搬石頭。我做的常是最不太費力的事——把陷阱安置妥當。最後，我們再合力將「熊屋」所需的建材堆架起來。總是在一、兩個小時苦力之後，我們站在剛完工的陷阱前，一則喘口氣，一則欣賞這個合作而成的精心傑作；大夥也不忘品頭論足一番。

工作時，我們不太多話，靜靜地各做各的，只有找東西時詢問一下彼此。謝光明的話較多，有時會問我在美國的情況，他的投入與認真，讓我有點意外。除了和我說國語之外，他們多用布農話溝通，我靜靜地聽，卻一字也不懂。我知道謝光明和魏大哥都很聽從大哥的話，對於研究，大哥也多半尊重我的意思，因此我並不擔心我的鴨子聽雷。

每天早上七點半前，我們便出門了。四個人一天最多只能完成五個陷阱，通常在架設完最後一個陷阱時，我幾乎動彈不得，身子好像一動就會散掉一樣；我還是使用力氣最少的，就不難想像其他人的勞累，但從沒人喊累。六天下來，我們一共架設了二十一個陷阱。

山上的家

在我飛抵大分之前，大哥已經把我們先前選定要蓋工寮（我喜歡稱它為「黑熊研究站」）的地面清理好，幾根鋸好的筆直青剛櫟木樁已經立好。工寮位在大分駐在所上，東迎闊闊斯溪谷和下山必經的「好漢坡」高聳山稜，北側遠山即是林大哥以前的獵場馬西桑山稜。除了駐在所的一片草地之外，幾棵桃、柿、梅、芭樂、枇杷樹散生屋旁，四周山坡即是整片的青剛櫟樹林。我們利用下午回到營地的時間，繼續蓋大哥一手設計的房子。我希望在蓋好房子、把直升機載運上山的成堆補給安置好之後，再下山。

十七日早上，林大哥告訴我，他夢到南安管理的許主任把他的東西移到另一個員工的桌上。他擔心管理站可能有事情要忙，希望能十九日下山，而且他已經上山十三天了，超過先前請的出差假。我知道布農族有解夢的習俗，他們相信夢有預示未來的作用。雖然我不知他如何解這夢，卻聽出他去意甚堅，沒再勉強他。但是，沒蓋好的房子及大費周章才運上山的補給該怎麼辦？

我們討論接下來的行程：明天可以把陷阱蓋完，後天清晨趕下山；但沒有人願意和我繼續多待一兩天把工寮蓋好。我望著剛剛才釘好的鐵皮屋頂，四面牆卻空空如也。他們三人一致認為，工寮四周用帆布圍起來就可以，熊或者其他動物應該不會如此大膽來破壞裝備及存糧，況且離下次上山不過是半個月的光景。大家雖未明講，但擺明表示我擔太多心，或是這種情形防不勝防。

我則試圖說明我（們）沒有任何要冒險的理由、也沒有籌碼下賭注，而且不怕一萬只怕萬一。我知道大家都累了，但我無法想像在克服種種關卡之後，好不容易運上來的補給，因為缺乏最後一分力而前功盡棄。

在僵持的沈默中，有人不爽地冒出：「沒有鐵皮怎麼蓋（房子）」。我們建屋的鐵皮都是從附近撿來的，日據時期的鐵皮於一場祝融之後多已破舊不堪、坑坑洞洞，但在精挑細選下，仍可勉強挖出算是成片的鐵皮。「好，我去找！」我起身離席，戴上手套，走向瓦礫堆裡；沒有人跟上來。

我在瓦礫堆中一張張翻找還可以用的鐵皮，凹凸不平的則放在地上踩平。來來回回將鐵皮頂在頭上扛回營地時，沒有人理我。魏大哥的內傷發作，窩在睡袋內休息；謝光明還在洗菜，準備晚餐

（還包括明天的早餐和中午便當）。我分不清此時是沮喪還是生氣，下定決心「這是我的研究，即使沒人幫我，我也要把牆壁釘好」，但重要的是把性子穩住。

我咬緊牙關，就在計數第二十幾張鐵皮時，聽到敲敲打打的聲音。再扛鐵皮回到工寮，驚見一張鐵皮掛在牆上，大哥正提起鐵鎚將我剛堆起的鐵皮釘起來。我知道他要幫我了。我們沒有多說一句話，我繼續去找鐵皮。最後，一共拼拼湊湊找到三十幾張鐵皮，同時一面牆也釘好了。

下山的前一天下午，我和大哥合力再把其他三面牆釘上；還有，他不知在哪裡找到一扇完整的木板門（可能是哪間沒被火燒著的廢墟的門），充當「黑熊研究站」的門面。林大哥也在工寮附近約五十公尺遠處的一棵樹上，釘了一個小棧道，橫跨在駐在所牆墩及樹梢上，當作公廁。這樹廁通風良好，唯獨上廁所時要提防不慎會掉下樹。這一晚，我們終於把「家」蓋好了，唯一的家具是一張剛釘好、高度及膝的餐桌。應該是可以安心入眠了，但我仍然擔心半個月後再上山時，一切是否會無恙！

十九日的清晨四點多，天色仍暗，大夥兒陸續起床，生火熱湯，吃昨晚留下來的冷飯和剩菜，再把中午便當裝好。五點半不到，我們已經上路了，路徑依稀可見。我因為只穿著一雙排汗襪，後來腳跟都長了水泡。路還是得趕，下午五點半我們就到了瓦拉米。十二小時走完兩天的行程。

林大哥在山屋旁的芒草叢裡挖出之前埋在地下的罐頭，卻少了那包米，原來是山豬把米拱出來吃掉了。幸好遇到例行上山巡邏的南安警察隊隊員，他們送我們一包白麵，我們煮熟麵條之後混著罐頭吃。原來小隊打算吃點東西後，連夜趕下山，但後來作罷，遂與我們同宿山屋。次日清晨五點不到，我們空著肚子、點著頭燈，急行軍地衝下山。中午不到，我們已經置身人群中了。

第四章

出師不利

研究工作是孤寂的，
是執著與耐力的考驗，是一種自己選擇的生活方式。
環顧籠罩四周的漆黑，還有除了雨聲之外的寂靜，
不禁自問：「這就是我要的日子嗎？」

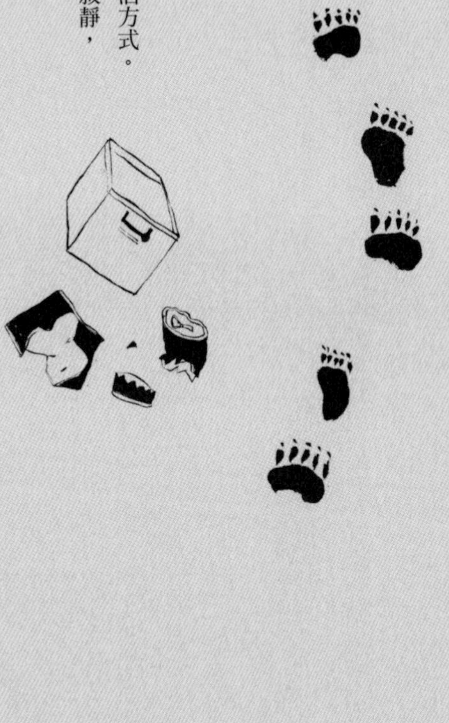

04

時間｜1998.10.9—1998.10.22
地點｜大分
夥伴｜林淵源、魏友仁、謝光明、林宗以

九日早上，黃精進大哥（玉山國家公園原住民保育巡察員）開垃圾車送我們到登山口。入山前，我們五人特地合照了一張相，因為這回上山正式展開捕熊計畫，可能會超過一、二個月以上，不知何時才能再見人間燈火，下山時又將是何種光景。林大哥因姪子結婚，不能和我們同日上山，他要三天後才能趕上山與我們會合，但他仍來送我們。

終於上山了，這一路上思緒混雜，過往雲煙一一呈現。和美國男友走到死胡同的感情，絕非我目前所能兼顧；除了死心之外，看不出有更好的態度。事實上，我們從未提及分手，但彼此都知道不適合。如今我行蹤飄忽，若再執意堅持一份不可能的情誼或關係，對大家都是難以宣洩的壓力，不如隨他去吧，否則我心無法自由或得安寧。簡單的知己之交（像大哥們），也許還能在這種順其自然的方式下，享受一份人間難得的緣。在不止的汗水及步伐中，我試圖安頓自己的情緒，適應這截然的時空轉換。

上了山，就不能再回頭了。隨著腳步愈來愈接近大分，山下的種種就都拋諸腦後。自從知道要去大分捉熊之後，心中一直想著是要去一個很遙遠的地方，另一個世界，沒有文明的誘惑、沒有公文、電話及親友。得到這麼多人支持和協助，我只能帶著大家的祝福前進。很多未知，包括能不能捉到熊，可能是永遠無解；如果事情都能事先知道答案，生命也未免太欠缺挑戰與刺激了！

一馬當先，或是被放鴿子

十日下午二點，開始下起雨。我很少停下來休息，唯一做的事是駐足檢查褲管、捉螞蝗。這麼一路下來，至少也有三、四十隻。不由得想起今年五月，在美國明尼蘇達州Voyager國家公園進行黑熊捕捉時，也在草叢中捉掉滿身爬的壁蝨，傍晚回營地後再全身檢查一遍，尋找漏網之蝨。

今天，我一直走在前頭，除了在土多滾（十八公里處）停下來和大家吃午餐外，一直獨自慢慢地走著。天雨時，反而較少看到動物；也許是礙於視線不佳或是無暇東張西望，我什麼動物也沒見到。因為連日下雨，地上潮溼，加上背負重裝，不能走快。所幸之前每次上、下山時，多少都會做路況的清理，移除橫阻路徑上的大石或樹枝，所以這次上山的路況走來感覺好多了。

下午三點，雨勢更兇，我到了新崗駐在所（二十七公里處），全身溼透。我在路旁芒草綁上鮮紅色的色標，提醒他們我在路旁的工寮裡。我想應該和大夥商量是否夜宿兩公里後的新康營地，抑或留在這裡。

等了一個多小時，還是沒有見到人影，我開始擔心他們是否已經路過此處，但沒有發現我留下的路標。原本打算乾脆就夜宿這兒，卻發現鐵皮工寮到處漏水，也僅能勉強容納兩人。驚慌下，我趕忙穿起雨衣，背起背包，往上回紮營時架起雨布的新康走去。我不知道還得走多遠，但起碼那兒足以容納我們四人，而且更接近大分。出發沒多久，我就發現他們仍在我的後頭，因為地面上並沒有人經過的痕跡。難道大雨沖刷掉他們留下的足跡？怎麼一回事？是他們背得太重了嗎？（我也背不輕呀，至少三十公斤）抑或路上逗留而耽擱時間了？

該前進、還是退回？大雨中，我加快腳步繼續走著，不再停下來捉螞蝗了。約一個小時後，抵達空無一人的新康營地；下午五點左右，天還亮，他們應該會跟上來吧？

我生了火，烤一烤溼透的全身。還好附近有一堆木柴，用不著冒雨找柴。只是因為沒有山刀，光要生火就用掉我一疊的筆記紙。此時，林大哥「在山上生活的生命是山刀，其次是火」的話縈繞耳際。他說山刀可以保衛自己，防止動物攻擊，也可以用來砍柴、切肉，什麼事都用的到。有火，動物會怕，不敢靠近，也可以用來保溫及煮東西，所以要帶打火機。以前是用火柴，更早之前則是敲打石頭產生火花，再點燃削薄的乾木屑。現在上山，必備之物為山刀、打火機、鹽巴即可。

我燒了一盆水，希望他們一到這裡就有熱呼呼的水喝。我喝了一碗熱茶，吃了幾塊餅乾。清點身上的糧食，只剩下兩條巧克力棒、一包餅乾、兩個白菜和一包小黃瓜；背包裡多是研究器材（無線電追蹤器及頸圈、相機、望遠鏡、對講機……）。

天色漸暗，然後全黑了，雨勢沒有稍減的趨勢。他們沒有出現，我孤伶伶地坐在新康山下的日據古道上。他們三人應該是在新崗工寮過夜了，而且不會有人來找我。我並不是很害怕，因為有火。雖然自己在做熊的研究，此時卻是擔心「只要熊不要來侵襲營地，我就會平安無事」。想到這，我大笑起來，只是笑聲在此時顯得十分詭異。

沒有大哥，這一路上總覺得缺少了什麼。「如果他在的話，我會落單嗎？」

頭一遭，我獨自一人在陌生的深山裡過夜，我試圖把這一切合理化，卻又有許多問號。出發前，我們不是預定紮營目標是新崗或新康，雖然他們可能為雨所阻，但這樣讓我一人離群而夜宿荒野，也算放我鴿子，不是嗎？（還是我放他們鴿子？）他們知道我身上有食物嗎？話說出差上山，他們得保護我，但此時有人在乎我的安危嗎？然而，「為什麼人家要照顧我？」也許他們相信我有足夠的能力照顧自己。

總之，看來除了自求多福之外，我實在想不出更好的解決之道。只是以後不管走到哪兒，身上一定要有刀、打火機和乾糧。我依在火旁，寫著日誌，心漸安住，而問號卻仍一個接著一個……。

我喜歡山上的簡單生活，一個人的時間很多。記得大一時，第一次與登山社去爬南湖大山之後，便陷入了一種不可自拔的戀山情結。每個人會迷上爬山的理由都不盡相同，記得有位學長曾說，爬山的超然享受在於那份「專注」——專心走路（不然會跌倒，或命喪崖谷）、專心吃飯（不然沒力氣、走不動）、專心睡覺（不然沒精神）。除此之外，我還發現，另一個恩寵在於能夠專心地面對自己，與自己對話。

野外研究不同於登山健行的遊憩性質，除了個人興趣及血汗工作之外，研究工作是孤寂的，是執著與耐力的考驗，是一種自己選擇的生活方式。環顧籠罩四周的漆黑，還有除了雨聲之外的寂靜，不禁自問：「這就是我要的日子嗎？」這裡的營地，只是我們上回經過時架起來的一張雨布而已。我找了一處不會漏水的角落，將睡袋鋪在經稍加擦拭的廢棄塑膠布上。

這一晚，除了起來加三次柴火之外，睡得很熟。

早上五點多，刺眼的陽光灑滿山谷，但沒有聽到太多鳥囀。我吃了剩下的三塊奶酥和一條巧克力棒，真棒！看了看手錶，八點鐘。我看到林宗以朝我走來，他手臂上還有兩、三處螞蝗留下的血跡。他們表示，昨天下午走到石洞（約二十四公里處）時，便下起大雨，所以沒有再前進。沒有人問我昨晚是怎麼過的。

他們表示，我沒考量雨勢、隊伍的整個狀況，以及他們的重裝備。他們也有理；這樣烏龍而危險的事，錯在隊伍拉得太長、無法互相照應，二則是溝通的認知仍有差距，雨大是否就停止前進了呢？那時才下午二、三點鐘吧。我雖覺得委屈，但沒反駁。難道我真是一心一意只想衝到大分去做研究？

屋漏偏逢連夜雨

走了三天的路之後，終於到「家」了。膽顫心驚地爬上駐在所的台階，遠遠望見研究站的門還鎖著，我鬆了一口氣；裡頭的東西一樣也沒缺。惱人的是，上個月屋前結實纍纍的紅籽土芭樂，如今一顆也不剩，全被猴子一掃而光了。

此時的青剛櫟已有小拇指頭大小，若在光線好的地方，櫟實更是飽滿，像要爆裂開來一樣。由掛在枝頭成串的果櫟看來，這一季是個豐收年。只是，林子裡還沒有發現熊的動靜，而猴子和飛鼠早已大快朵頤了。我試吃了一口，隨口噴出，味道苦澀如生芭樂。

花了三天的時間，我們兩人一組，開啟三星期前設置的陷阱，擺上餌食。蜂蜜、醃豬肉、半生熟的米是我開出的「捕熊食譜」，也許是世界上唯一用米當熊餌的研究。我仍得檢視所有其他人設的陷阱，因為我發現有些裝置方式根本捉不到動物。然後，再一一把設陷阱的細節交代清楚。因為如果陷阱的機關彈起，把熊嚇走，牠可能一去不再回來，所以抱著「不入甕則已，一入便得就擒」。

十五日，哪知陷阱才剛剛設好，收音機便傳來颱風登陸的消息，花東等縣停止上班、上課。這個意外再次讓我認清「我不是一個人在做研究」的現實，如同數天前「脫隊」的教訓。

早上的雨還是軟綿綿飄著，天色卻瀰漫著山雨欲來風滿樓的陰霾。我們討論工作行程。我擔心動物在颱風天被卡在陷阱上的危險，所以希望去把陷阱關掉；但是沒有人贊成我在颱風天外出。曾有研究經驗的志工義正詞嚴地對我說：怎麼可以要求大家冒生命危險做研究？即使他的老師在這裡，也絕對不會讓他這麼做。

我感受到其他人對這句話的認同，於是試圖澄清這誤解。重中我的首要關懷是人，絕沒有不顧大家的安全之理。但再怎麼說都無法扭轉這個指控，我已經是眾矢之的了。

我想獨自出去關掉陷阱，但這只會更加深隊員對我的誤解，沒有人會認為這是一個研究者的執著精神。我重新評估一番，如果雨勢轉強，動物的活動會降低，而且剛設好的陷阱捉到動物的機會實在不大。此外，這野外調查才正式起步，百廢待舉，我需要大家的信服與支持；如果夥伴們全掉頭下山，我也無戲可唱。我得顧全大局！

我的忐忑不安，沒有因為和大家達成共識而減弱，反而隨著下午漸增的風雨而增強。另一方面，我卻很高興看到大家都在工寮裡，起碼不用掛心他們的安危。

另外，我也慶幸工寮已完工，不然可真無處可躲，雖然剛用帆布搭起來的廚房，在一陣狂嘯驟雨中轟的一聲後垮了。大家躲在工寮內不是睡覺，便是聊天，這或許也是山上生活的一部分。我則繼續讀那本《愛達荷州黑熊》（*Idaho's Black Bears*），這是回台灣後第一本好好靜下來看的書。

晚上的風雨更大，感覺屋頂都快飛了。也許風雨真的很大，或是雨水打在覆蓋在屋頂上的雨布的緣故，聲音特別響；這風雨是我有生以來見過最猛烈的。我躺在睡袋裡，卻不敢睡著。昨天趕到的大哥也沒睡著，偶爾張開眼睛東望西瞧；他說，萬一工寮撐不下去，我們可以拿著睡袋、逃到附近唯一鋼筋混凝土造的彈藥庫（日據遺址）。我為他的顧及大局而感動。強風夾著雨絲從鐵皮上的坑坑洞洞灌進來，睡袋都快濕透了。我鑽出睡袋，大哥也跟著起身，我們在鐵皮牆上用圖釘釘上兩個黑色大塑膠垃圾袋，勉強擋住一些風雨。

還好大哥在，有他，我總覺得心很安。鑽回睡袋，我告訴自己：「Don't worry！睡吧，明天仍得工作呢！」這一覺竟也到天亮。

十六日清晨醒來，大哥告訴我，他整晚都沒睡，這是他在山上經歷過最強的颱風。颱風的第二天，雨勢稍止，但除了南投之外，全省仍是停止上班和上課，而南部得至傍晚才會脫離暴風圈。當我還在遲疑該如何開口談今天的行程時，看到大家已經在準備要去巡看陷阱的裝備了。所幸今晨只有雨，沒有風，被從天而降的東西砸到的機會應該很小。

我們一路上清除被颱風掃落的樹枝，地上也有不少青剛櫟的落果，這些都會成為山羌、山豬等其他動物的食物。平常看似普通的石壁，這會兒也成了掛滿白色瀑布的簾幕；原本清可見底的小溪，現在成為一股黑濁濁洪流。我望著大分橋下闊闊斯溪的滾滾浪濤發呆，不禁想起一九九〇年七月在四川的九寨溝，山路因豪雨而坍方，我和好友棄車逃難而出的情景。雖說山水無情，但是無度的開發和破壞，卻會讓災害範圍擴大，變成天災人禍。

沒有熊的影子。陷阱都還在，只是樹枝落葉蓋滿了陷阱，甚至有的被斷落的樹枝壓垮。我們重新把陷阱一一設好。

天黑前，匆匆完工趕回研究站，途中停下來撿了每根盡是三、四公尺長的乾木頭，扛回工寮當薪柴。我們五個人一路排開，不發一語。幾隻松鴉叫得響，我聯想起住在森林裡的小矮人童話，很像在夢境裡。有一種氣氛讓我很感動，就是「團隊精神」，團體中每個人目標一致，專注為完成一件事而合作。

驚「熊」一瞥

白天，我們兵分兩路去巡視陷阱，下午回到營地之後，各有忙不完的事。我把所有心思都擺在「擒熊」的準備工作上，營地的事交給林大哥負責，他很清楚要做些什麼事情，讓這方圓二十公里以內唯一的一戶人家像個「家」，其他人則是適時協助（做飯、砍柴等）。在大哥的規劃下，我們就地取材用竹子釘了可睡好覺的通舖，在廚房後側除草鬆土，清出一片約三坪的菜園。他也把我釘的那張站不穩的書桌拆了，重新再釘一張更大更穩的（後來則淪為餐桌）；我們也釘了置物架，放麻醉器材、食物、置物箱。

我逐漸發現，這些原住民大哥們通常很少問我是否需要幫助，但只要我開口，他們會做得好好的。我請魏大哥和謝光明幫忙製作裝填麻醉藥的特殊針頭和針筒，他們的速度比我快多了，而且手工細緻，將針頭切得十分工整。

我安排吹箭的練習，讓大家熟悉麻醉黑熊的方式。畫了紅心的米袋成了箭靶，每人分了一根鋁製吹管和裝了水的針筒，站在三、四公尺遠外射靶。大家興致勃勃地比較誰的功夫好，這算是上山來的第一件娛樂活動。

除了我之外，這裡沒有人有麻醉處理黑熊的經驗，所以我也得在捉到熊之前，適時把一些有關「人／熊安全」的觀念讓隊員知道，因為人與熊彼此的安全其實只是一線之隔。我提醒大家，最安全的方法是避免和熊不期而遇。因此在接近陷阱時，要發出聲音（唱歌、咳嗽、吹口哨、自言自語），讓動物知道有人接近，因為黑熊可能沒有被陷阱捉到，但還在附近徘徊。

對於同樣一件事情，大哥常有另類的詮釋方式，而且會引經據典。他補充我的話說，快要到陷阱時，人要停下來，先遠遠地察看，不要急著衝到陷阱前面，還要注意附近的狀況。有時，黑熊或其他的動物會在附近。例如，以前有一個獵人去巡陷阱，看到一隻熊被套索及樹枝纏住，在他還來不及開槍射擊之前，旁邊的草叢突然冒出一隻大熊，那獵人驚慌地棄槍逃回村落。

陷阱已經設了一星期，林子裡毫無熊的動靜。我開始懷疑熊會不會來，或者我們是否在捉到熊之前便斷糧了。更不幸的是，陷阱出現了不請自來的訪客，黃鼠狼、黃喉貂、食蟹獴、高山白腹鼠或其他動物，牠們不是把餌吃得精光，便是將陷阱的機關彈起，讓我們窮於應付。有一回，一隻肥碩的白鼻心乾脆在吃完餌後，大大方方地在陷阱小室內大睡一場，直到我們逼近，才從容逃去。

每回接近陷阱時，總是期盼看不到用來架陷阱、疊高超過一公尺的木頭，這表示有熊來過或捉到大動物了。二十八日這一天，照例遠遠望向樹林，便隱約看到十四號陷阱毫髮無傷地立在那兒，心頭又是一陣涼意。這是我們最中意的陷阱之一，位於營地上方山頭的芒草原與樹林交界處，幾乎是青剛櫟海拔分佈的最高處了（一千六百公尺），幾棵大青剛櫟因位在芒草原旁，陽光充足，生長狀況特別好，枝上的櫟實多而碩大，樹幹上留著以前黑熊爬樹的密密麻麻爪痕。我垂頭喪氣地拖著步伐走進陷阱，卻發現散落一地的青剛櫟樹枝和櫟殼，用來支撐陷阱小室的青剛櫟樹幹上有清晰的新爪痕。我難掩興奮之情，激動地和跟在身後的謝光明握手，「熊終於來了！」

整個陷阱尚完整，沒被熊弄倒。這熊踏著架設起來的木頭，爬到依靠的青剛櫟樹上，被折斷的樹枝還懸在樹梢上。放於陷阱內側用來懸掛餌的木棍被熊拖出陷阱外，餌都被吃光了；整條套索被向外扯出，末端用來套住熊腳的套環縮起來，但上面沒有發現熊毛。陷阱機關是被觸動了，但為何沒捉到熊？我苦思沒能捉到熊的原因：可能是套環下方的洞挖太淺，熊腳在不慎踏入表面覆著落葉或鮮苔的地洞而暗覺不妙時，有足夠的時間把腳抽出，套環因此撲個空；或者是陷阱內側的通道太寬了，熊進入取餌時，腳無需踏到放置套環的正中心，而部分踩在套環上；或是遇到大熊，所設套環太小，無法容納牠的腳掌。因此，我把那洞挖的更深，加大套環面積，在陷阱的通道旁插上更多的樹枝，再放入一份大肥餌。

這熊的腳印一直跟循著我們巡陷阱的小徑，然後消失在芒草叢裡。以牠只爬了這一棵青剛櫟、吃光餌的狀況來看，我相信牠很快會再來。

這個來訪振奮了我們低迷的士氣，掃除之前的種種猜疑。首先，熊會吃我們設的餌，在這之前，我們懷疑自己的獨家配方對熊有沒有吸引力；其次，就像大哥們的質疑，台灣的熊很聰明，不會笨笨地走入這個架起來的狹小通道內去取餌；還有，我們在山上不常洗澡，雖然聞不到自己的體味，別人的體味卻是繚繞不去。熊的嗅覺特別敏銳，我們頻繁造訪陷阱而留下的「味跡」，可能會驚擾到牠。

雖然這次沒捉到，但給大家不少信心！

回營地後，這天的整個下午我全都在整理麻醉器材，因為之前沒有預期能這麼快捉到熊，麻醉器材都還原封不動地在箱子裡。我把麻醉藥 Ketamine 與 Xylazine 依二比一的比例裝入事先加工過的注射針筒內，沒想到，第一劑便把甦醒劑 Yohimbine 搞混了。我感受到我的緊張，但熊都還沒捉到呢！花了近兩個鐘頭，分別裝了五支和兩支各可以麻醉五十、一百五十公斤黑熊劑量的針筒。

晚飯後，我們開會討論即將面臨的戰役。安全地處理動物和成功地捕捉動物一樣重要，而成功的麻醉意味著人、熊皆平安。因為無法實地模擬麻醉黑熊的過程，所以我只能解釋整個麻醉熊的處理流程，以及切身的安全問題。我無法想像，一個人怎可在沒有心理準備或麻醉處理的概念下，赤手空拳與一頭可能超過人兩倍大的野獸近距離面對面。接著，我們也討論麻醉時小隊的分工合作方式，以及要釘一個籠子把掛上頸圈的熊關一、兩天，察看牠的適應情況再放走。

對這討論，大哥有點不高興。他說我「把話說在前面不好」。在他的認知裡，如果把話說在先，那事就不會發生了，所以他很忌諱我說「如果我們捉到一隻熊」。我也對他轉移我的嚴肅話題，以及指正我說錯話而感到不悅。我藉機解釋，研究必須事先考量可能遇到的狀況，擬訂因應對策，而非到了時候再說；而且，麻醉有賴大家合作完成，所以必須把每個人所能想到的問題，先提出來討論，尋找解決之道。這和把話說在前頭不同。

在如此天壤之隔的思考邏輯下一起工作，我不禁懷疑自己有沒有辦法和這群人進行我的「科學研究」。但是，後來的更多共事經驗讓我逐漸了解，我的研究之所以能夠完成，實乃繫於和其他參與者的相互了解、信賴及尊重，而非大家的同質性。他們讓這研究更人性化，我想這不也是生物保育強調的課題之一「文化歧異度」嗎？他們尊重我是個研究者，不會干涉我的研究，而我很快認清他們是「大哥」，不是必須要分擔我研究壓力的研究助理。只是，有時我仍不免受困於角色扮演的矛盾裡。

這晚，我在札記寫下：「話不要急著說，你有的是時間。話，不要說得太急、太躁、太直、太大聲，因為有害無益。話要動之以情，曉之以理……。」

我們需要更多的耐心

早晨六點，我剛起床，便聽到外頭的人已叮叮咚咚在煮飯了。昨晚沒睡好，一直想著如果今天捉到熊要如何處理，也做了好多夢。說穿了，我是緊張。大夥兒煮飯時，我再一次清點麻醉器材，重量少說也有二、三十公斤，這套裝備比我在美國參與的研究計畫所用的還要齊全，還包括一套簡單的無菌外傷手術縫合器材，這得感謝祈偉廉獸醫師的張羅。

我們仍是兵分兩路巡陷阱。只不過，靠近營地山頭的這一組得背著麻醉裝備，萬一真捉到熊便可立即處理。在接近昨天那個中獎的陷阱之前，我們在路徑上看到了很大的熊腳印，但不確定是否為昨天那隻熊留下的。原本緊張的神經變得更緊繃。直到看到毫髮無傷的陷阱，亢奮才被沮喪取代。接下來的兩天，我們每天全副武裝，背著整套麻醉器材上山看陷阱。但是，不再發現有任何熊的痕跡。

十天過去，餌食的味道都有些發霉和酸味了。我們換上新的。二十二日，林宗以和謝光明則趕在天亮前先行下山。他們走了之後，我和二位大哥圍著火，認真討論這些天來的野外調查心得。人少，大家的注意力似乎較容易集中，比較不會扯到無關緊要的話題上；我的壓力似乎也減少了，無庸煩心誰該做什麼事。每件事忽然變得容易了。

我們決定兵分三路。魏大哥往上坡、我往下坡看陷阱，林大哥則到南側溪谷對面山，去探勘地形及那兒是否有熊下來。

第一次八點之後才出門，我刻意把步調放慢，帶著一罐捨不得吃的八寶粥和筆記本。一個人，心情好，鳥也特別多，感覺很自在。在重新設了五個彈起來的陷阱機關之後，回營地的路上，我在瀑布旁的大石上坐下，掏出筆記本，寫紀錄和整理思緒，又睡了上山來的第一回午覺，飛泉一絲絲飄落在臉上……。

回到營地，林大哥難掩興奮之情報告探勘結果，說他爬到很遠的稜線，那兒的視野最好；這附近青剛櫟林的分佈，則以賽珂、闊闊斯及大分這一帶為主，分佈的上限則是營地山頭芒草原下方，也就是我們放置陷阱最高點的位置。他並在那兒意外發現保存良好的日據駐在所遺址（即華巴諾駐在所，標高一九三〇公尺），包括大砲、砲庫、廁所等。那一帶的動物痕跡相當多，尤其是水鹿，他目擊二羌、二羊、一鹿、一豬，但沒有看到熊的痕跡。

第五章

第一隻熊

把握牠離我最近的當頭，
我將第二針戳入了牠的右邊臀部，
牠立即回頭朝我大吼一聲。我瞬間和牠正面相望，
相隔兩公尺，
一雙如嬰兒般純真無辜的黝黑、
圓滾滾眼珠子瞪著我。

05

時間｜1998.10.23—1998.10.27
地點｜大分
夥伴｜林淵源、謝明安、黃中乃

山，在我們巡陷阱、整頓研究站的忙亂中，悄悄地改變了顏色。雖然中海拔的針闊葉混合林終年常綠，此時仍有一些樹換上新裝，黃葉的尖葉槭、化香樹、山胡桃、山櫻花，紅葉的紅榨槭、紅柿，讓原本一抹綠意的山區透露幾分浪漫秋色。大分吊橋的溪谷，色彩更是美不勝收，我總是會在經過時，特意在橋上逗留一會兒。森林底層也不甘寂寞，許多我不認識的蕈類，如雨後春筍般地冒出來，形形色色，爭奇鬥豔，想不到一個林子裡竟然可長出這麼多樣的蕈類。

截至目前為止，只出現過一次熊的動靜，但是這片青剛櫟林卻因其他動物的喧騰，而充滿了生命力。每天，我們穿梭於櫟林裡，總會驚見各種動物。樹梢上，條紋松鼠和赤腹松鼠嬉戲追逐於枝頭間；台灣獼猴不是一哄而散，便是冷不防地發出警戒的吼聲；成群的松鴉或台灣藍鵲叫聲吵雜，卻有條不紊地從我們眼前一隻隻滑過；還有迴盪山谷的綠鳩低吟。櫟實還未到自然落果的時候，但是在這些訪客肆虐之後，掉落的果子，便造福了不會爬樹的動物，比如羞怯敏感的山豬、山羌、山羊，地面上總不乏牠們的新拱痕或腳印。

森林裡，沒有一個成員獨享這盛宴，然而黑熊並沒有準時赴宴；或者說，無人保證牠是否真的會出席。

我們的「主廚」謝光明下山了，新的夥伴柯明安（玉管處保育巡察員）和黃中乃（志工，我們叫他小黃）在四天後加入。我又回到了好久沒有參加的晚飯後閒談行列中，暫時把捉不到熊的事拋諸腦後。小黃帶了自家蒸餾的葡萄酒，大夥用大哥剛做的竹杯輪杯喝，天南地北地聊。曾擔任學校山社社長的小黃多次起鬨要大家合唱山歌，他起頭唱了幾句，但沒人附和。是大家都沒心情，還是我大學登山時的那股悠哉豪情不見了？看來，「熊事」仍若有似無地牽絆著我。也許小黃尚未適應我們山上做研究的作息，或者興奮加上幾分醉意，才會希望晚上圍著營火、浪漫地談天和唱山歌。

有熊！

十月二十五日上午九點三十分，我一如以往小心翼翼地接近十四號陷阱，發現陷阱上架起的木頭全都倒了，先是楞了一會兒，直到再往前走幾步，方看到芒草旁的一團黑影——熊！我慢慢地退回到在路徑上等我的小黃身旁，低聲說：「有熊。」他看來有點不相信。我叮嚀他要小心，再躡手躡腳回到原處偷窺那團黑影。

想不到，牠（也可能不是同一隻）又回來同一個陷阱了，而且真的被我們捉到了。我們悄悄地接近離牠約十公尺的樹叢後，牠似乎沒注意到我們的存在，正專心地啃咬套在右腳上的套索。我估算牠的重量大約一百到一百五十公斤，以做為注射麻醉劑量的參考。

我不敢在現場多停留，一心只想離開該地。結果這一緊張，竟然找不到下山的路徑。連跑帶跳奔下營地的一路上，我簡直是用衝的，小黃幾乎跟不上；原本費時一、二個小時，這回花不到三十分鐘。

不是興奮，而是緊張，我不斷想著該如何處理這隻熊，以及如何召集正在另一路徑上的兩位大哥。因為天雨，大哥建議不要帶對講機，免得淋溼當機，所以沿途我和小黃使盡吃奶的力氣，大聲朝著山谷呼喊：「吼……」可能因為他們在山谷的另一側（往米亞桑的路上），或因溪水聲太大，我沒聽到任何回應。

回到營地，大哥們尚未回來。我把事先準備好的一整套麻醉器材都搬出來，找釘籠子要用的鐵釘、鐵絲、鐵鎚等工具，拿了四罐八寶粥和巧克力當中餐。我寫了兩張「有熊，請直接趕到十四號陷阱，工具我們都帶了」的字條，裝在封口袋內，冒雨趕至他們回營地會走的路上，用石頭把字條壓在路中間。我再跑回營地，小黃已經把器材打包成兩大包，我又在廚房桌上留了一張字條。

我和小黃背起沉重的麻醉裝備往坡上爬，走不到五十公尺，就聽到大哥們邊跑邊吼的聲音。我倆折回營地，告訴大哥概況，見他緊張嚴肅的神情，讓我想像自己此時的表情可能更凝重。他在營地附近草地上剪了一些特粗的鐵絲，又準備了一把鋸子，柯大哥則在匆忙中吞下一碗早上大哥煮的粥。大家都到齊了，我再次叮嚀麻醉的注意事項及工作分配。十一點二十分，我們趕上山頭，準備捕捉繫放台灣第一隻野外黑熊。

十二點三十分我們抵陷阱處。我獨自前去視察麻醉現場及熊的狀況，牠倒立地趴在一棵小樹幹上，奮力啃咬套索。細雨中，我為牠拍了一張照片後，退回和小隊討論如何靠近熊的麻醉布局，然後發給每人兩枝裝好麻醉藥的針筒和一枝吹管；小黃則待命。

準備就緒後，我們三人分別從不同方向接近熊。當三人同時出現在牠面前時，牠開始緊張而不安地繞著綁住鋼索的青剛櫟樹跑來跑去，又爬到樹上去。我被牠的激烈反應嚇著，這著實和我麻醉野外美洲黑熊的安靜場面不同；我想應該儘快完成麻醉，以減低對牠的刺激。我做手勢示意兩位大哥再向熊靠近一點，但是他們一動也不動。我暗覺不妙，畢竟沒有人曾有和一隻生龍活虎的大黑熊、五公尺不到的正面對峙的經驗。

於是，我將身子壓更低、更靠近牠。牠突然朝我衝過來，大吼一聲，嚇得我向後踉蹌幾步；我從未預期會有如此激動的場面。我手持一枝在美國麻醉時使用的戳管，針筒插在兩公尺長的戳管末梢。第一針在好不容易瞄準牠的左臀之後，一針戳入，針筒卻立刻掉在地上。我趕緊在戳管套上第二枝針筒，把握牠離我最近的當頭，將第二針戳入了牠的右邊臀部，牠立即回頭朝我大吼一聲；我瞬間和牠正面相望，相隔二公尺，一雙如嬰兒般純真無辜的黝黑、圓滾滾眼珠子瞪著我。怎奈針筒又掉到地上！針筒裡頭還有一半的麻醉藥，針頭也歪了，可能是牠在針打入體內的瞬間移動身體，或者因為下雨毛溼，針頭滑了。我估計如果真有打進麻醉劑的話，頂多只有三ＣＣ的劑量，根本不夠麻倒一隻少說一百公斤的動物。

在挨了我另一針後，牠跑到大哥所在的那一頭。大哥兩手穩穩地將吹管緩緩舉起，猛然一吹，大喊「射到！」熊立即衝向大哥，他轉身拔腿往後跑，熊很快地將針筒甩掉。我的戳管看來派不上用場，於是叫大哥立刻裝上第二根麻醉針待命。熊立即爬到青剛櫟樹上，我們不敢太靠近，擔心牠會隨時衝下樹來；在我的示意下，大哥再射出一針。這一劑看來安全著陸，我隨即要大家撤離現場，好讓熊安靜下來，等待麻醉藥發揮效力。

從就位到打入麻醉藥，其實只花了十分鐘，卻感覺時空靜止在那人熊對峙的雨中。我們全身濕透，退回到剛搭起的一張小雨布下。我再次確認打入熊的麻醉劑量：大哥打了兩劑，柯大哥沒有逮到好機會，我的不是掉了便是沒完全打入。這一番搏鬥和混亂之後，現場散落了五、六根針筒。針筒不是吹偏了，沒打中動物；便是打到動物，但麻醉藥還沒打入體內，針筒就被熊甩掉了，有些針筒的劑量都還未噴出。看來麻醉方面最基本的問題，就是我們的吹箭技術仍有待加強，但也許是因為下雨的關係。

等待熊完全麻醉之時，我再將藥填裝入三枝麻醉針筒。萬一熊沒倒的話，一切得再來一次。三分鐘之後，我靠近觀察牠，牠安靜地趴在樹上望著我，並在我補射了一劑後，爬下樹來。再五分鐘後，牠趴倒在地上。我小心接近，用戳管觸動牠最敏感的耳朵和鼻子，牠都沒有反應。「牠倒了！」我們把工作帳移搭到熊昏倒的地方，此時我的腦中只想到「Timing、Timing」。時間是麻醉的關鍵之一，如果處理時間拖太久，動物會在處理完成前醒過來，對研究者造成危險；如果追加劑量，則得小心避免過度使用麻醉藥，以免對動物造成危險。「動作要快喔！牠會醒得很快。」我提醒大家用最快的速度拔營，把所有裝備移到熊身旁。

我們七手八腳地把熊搬上地布，將木頭穿過鉤住束緊繩索的吊秤，大哥們各扛起一端。牠只有六十五公斤，比估計的要輕。於是我開始擔心麻醉劑量過度的可能，雖然我所使用的劑量是遠在容許的範圍之內，而且這種藥的好處是沒有特別的副作用，已被普遍使用於麻醉黑熊上。我把肛溫計插入尾巴下方的肛門口，監測牠的體溫：三六．六度，計數牠的呼吸速率：每分鐘十二次，這是麻醉過程中我可以監測牠體能狀況的參考。

牠叫Dilmu

捕捉黑熊最重要的目的莫過於為熊掛上無線電追蹤頸圈。哪知為了掛上這頸圈，便花了我們近一個小時。熊的頭圍和頸圍大小差異不大，頸圈若設太鬆，動物一扒便脫落了；若繫太緊，動物會不舒服。頸圈內有一個全球定位儀（GPS），可以接收人造衛星的訊號，而估算出動物的所在位置。這也我和指導教授Dave在評估現今市面上各種無線電追蹤技術的可行性之後，所做的選擇。

在台灣山區，若利用傳統的無線電追蹤發報器（VHF，超高頻），地面追蹤動物的困難度高且效率低。儘管，陡峭的地形和茂密的植被有時也是人造衛星無線電追蹤的瓶頸，但在沒有更好的選擇之下，我們都對於這個是台灣陸地上利用人造衛星追蹤動物的第一個嘗試寄予厚望，也許這將成為日後研究台灣山區大型動物的利器。

如今，得在還來不及將人造衛星追蹤頸圈進行野外實際功效的測試之前，就將頸圈掛在熊身上。這一份不確定性，只有在下一次於頸圈脫落或再度捉到該動物時，取回頸圈，讀取下載的人造衛星定位資料，方能知道答案*。當然，是否能夠再捉到同一隻個體，誰也沒把握，這又是另一個不確定性。但是，由於頸圈本身同時內附一傳統式的發報器，所以我們依然能夠同時進行地面追蹤動物。萬一上面所談到的兩個不確定因素都發生了，起碼還有地面追蹤的資料。

接下來，小黃協助我處理及測量黑熊，大哥們便去準備釘「熊籠」需要的木頭。由於野外台灣黑熊的基本資料付之闕如，所以任何資料都是第一手的，都是幫助我們揭開黑熊神祕面紗的珍寶，我當然也不放棄這樣為牠詳細檢查的機會。

用毛巾將溼答答的毛髮擦乾之後，我在牠的背部植入晶片，在耳朵打上兩個色彩鮮明的塑膠耳標，做為日後辨識個體的依據。

這是一隻雌性成體，除了胸前黃褐色的V形斑之外，全身的毛色烏黑，並雜有零星的白毛，頸部的毛特別濃密而長（十公分以上）。牠的第二、三對乳頭及乳暈色黑，較第一對腫大，顯示曾有生殖的紀錄。牠的牙齒泛黃，四顆最代表食肉類動物的大犬齒皆已斷裂，齒冠嚴重磨損，呈鈍圓形，看來應該頗有年紀了。利用牙齒齒堊層年齡判斷技術（猶如利用年輪判斷樹齡一般）得知，牠已約十二至十四歲（上限十八歲），是我們所有捕獲紀錄中最年長的個體。

在紀錄紙上，我們寫下了台灣第一筆野外黑熊的資料：

性別：雌
體重：六十五公斤
年齡：成體，乳頭色黑（有生殖紀錄），無乳汁分泌
體全長：一百四十九公分
頭長：三〇．五公分
胸圍：七十公分
前腳掌長：一五．三公分
後腳掌長：一八．五公分

讓我震驚的是，牠的左前腳沒有任何腳趾，腳掌整個不見了，只剩下被截肢後的癒合痕跡。牠的右後腳的第五趾，特別短小，腳爪也不見了。大哥隨即脫口而出，這隻熊曾被獵人的陷阱捉過，而且可能不止一次。

我在美國進行黑熊捕捉繫放時，從未見過動物斷肢或斷趾的情形。我問曾捉過五、六百頭以上美洲黑熊的指導教授，他也搖頭。

這與原住民獵人的說詞相符，被吊索或鐵夾陷阱捉到的熊，有時會拖著夾住腳的陷阱逃掉，時間一久，血液循環不良的末端便會壞死。我也曾聽說，黑熊有時會咬斷被陷阱套住的趾頭，藉以逃脫。這觀察更支持我頻繁巡視陷阱的立場了。也許是因為牠以前經歷過劫後餘生的經驗，所以當我第一眼發現牠時，牠正用力啃咬套在腳上的吊索。我為牠多舛的命運深感抱歉，如今卻是因我之故，再度落網；不同的是，我保證讓牠平安回家。

傍晚五點，大部分形質測量已完成，我為牠注射一劑能量補充劑（ATP）及維他命B群，希望多少能補充牠的元氣。在沒把握是否能夠抽到血，加上擔心時間不夠之下，我放棄對牠進行採血，只檢查和收集牠的體外寄生蟲。後來發現牠的體溫稍微降低（三五・八度），我擔憂可能是麻醉過久的影響，於是要求夥伴們加速裝釘籠子，我們方可放熊入籠，也才可打麻醉拮抗劑（Yohimbine）讓牠甦醒過來。希望活動可以促進牠的體溫回升。

五點四十分，天色已黑，我們終於把熊移入寬約一公尺多的木籠內。替牠打入一劑麻醉拮抗劑後，大哥們把剩下的木頭用鐵絲綁住（因為鐵釘用光了），圍住籠子缺口。十幾分鐘之後，熊慢慢醒來，但是反應仍慢吞吞的，我們發出聲響刺激牠，試圖讓牠活絡起來。二十分鐘後，我見牠應該不會再睡去，在離開前放了白米飯和臘肉在籠子裡。夥伴們也早已收拾好裝備，在雨布下等我。在頭燈的餘光下，我看到他們微微的顫抖著，大家又溼又冷又餓又累！背上來的八寶粥仍原封不動地在背包裡。

回到營地，已近七點半了。吃飯時，我們開始為這位新夥伴取名字，大哥以黑熊俗稱「狗熊」，要取狗的名字，他建議「Dilmu」（呆姆），這是卓清村一位老獵人的母獵狗名字，十分厲害，善追獵物。我決定為所有熊夥伴都取布農族的名字，讓原住民隊員有另類的參與感。入眠前，我祈禱、感謝神賜給我們一隻熊。

夢熊

一整晚沒睡好，雨時大時小，我擔心熊的安危或牠會破籠而出。五點不到，便鑽出睡袋，天還沒完全亮。我生了個火，煮「熊飯」，希望早點上去看Dilmu。飯還未煮好，小黃睡眼惺忪地來到廚房，我把炊事交給他，準備今早必要時得使用的麻醉藥、急救器材、無線電追蹤器材。

林大哥和我去看Dilmu，路上他告訴我，柯明安又夢到老人了，這回老人說會再給我們兩隻熊。

接近十四號陷阱時，我仍是很緊張，試探性地朝陷阱附近丟了一顆石頭，打到積水的雨布，籠內有黑影晃動，我知道牠還活著。擔心附近有其他熊徘徊，掏出口袋裡的胡椒噴劑，拿在手上，一步一步接近牠。我們站在籠前，牠朝我們大聲吼叫噴氣，並站起來，但由於籠小，牠得低頭，方能勉強站好。

沒有昨天那麼激動的反應，牠在向我們示完威後，蹲坐在籠子一角，背對著我們，看起來十分疲累。我趁機仔細觀察牠，牠比我想像的嬌小。前掌的一片爪子脫落，紅通通的趾頭微微滲著血水。我擔心牠可能會有感染，卻想到牠以前曾斷掉一隻腳掌，皆能安然熬過，區區皮肉傷，應無大礙。我無須為了要給牠一針抗生素而驚擾牠。

牠沒有吃掉昨晚放入籠內的臘肉，我還是再丟一塊臘肉。我依著籠子倒入半壺水，牠沒有靠近喝水。

另一組人巡視營地下方的陷阱，無動靜，也早早就回營地了。今天下午和昨天比起來，算是公休。我心情雖較輕鬆，仍有做不完的事，忙著整理資料和昨天採集的樣本，還有洗衣服。晚飯時（又是小黃一手包辦），閃電大作。收音機傳來另一波的豪雨特報，晚上九點發布輕度芭比絲颱風的陸上警報。天空只有一顆孤星，月光乍隱乍現，穩定的無線電追蹤器「嗶、嗶」的訊號告訴我，牠應該也在休息。明早牠就自由了。

Dilmu的自由日

十月二十七日是Dilmu的自由日。我和大哥兩人各持吹箭靠近，牠顯得不安與害怕，不時地噴氣，偶爾也發出威脅性的吼叫聲。牠爬上籠子的一角，大哥朝牠後腿吹了一針，這回藥劑完全打入體內。十分鐘之後我再回去看牠，牠仍略有反應，我再退回等了三、四分鐘。牠睡得很沉，呼吸十分沈重，蜷在籠內，像個嬰兒，很可愛。

我們把籠子的木頭鬆開，把牠拖出來。先前丟進的兩塊臘肉只剩下一塊，一袋飯也只剩一半。我很高興牠吃了些東西。再一次檢查牠頸上頸圈長度是否恰當，並為牠打了一劑抗生素和一劑維他命B群，在爪子脫落的右後腳趾塗上優碘、噴上消炎粉。這是我唯一能夠做的。

為牠做完最後一回全身檢查之後，我們分別與牠合照，大家都興高采烈。收拾器材後，我要其他人先離開現場，大哥領隊開了一條路「逃命」。我留下來，把準備好的麻醉藥拮抗劑打入牠的肩部；幾分鐘之後，牠便會醒來。我在離開前，摸著牠的頭額，輕輕地說：「Dilmu，對不起……謝謝，要保重。」

離開Dilmu之後，我們待在離陷阱約一百公尺的北側斜坡上，由無線電追蹤器監聽牠的訊息。穩定的嗶嗶聲在十分鐘之後，轉為強度忽大忽小的訊號，表示動物可能開始移動了。我們緊張地商討著，萬一牠循著我們的味道跟過來的話，要如何應對。我們再把胡椒噴劑拿出，握在手上。十分鐘後，訊號逐漸變弱，顯示牠正遠離我們而去。

再半小時之後，熊應已遠離了。返回現場，牠果真不見。從陷阱回營地的路上，我們出現了難得的大吵大鬧，我和小黃吹著哨子，大哥們大叫。我們純粹不想這麼快就與牠在路上不期而遇。

也許「忍耐」是唯一可行的方式

放走Dilmu回營地後，我再度準備麻醉器材，沒人知道何時會再派上用場。大哥用黑色塑膠垃圾袋做了一個旗子，掛在一根十幾公尺長的竹杆，把它高高地豎起。這竟是我們已經談了很久的黑熊研究小隊（我的習慣性稱呼）的隊旗。我覺得拿垃圾袋做隊旗實在不雅，於是好奇地問他「為什麼要用垃圾袋？」一起先他笑笑著不語，後來才說：「黑熊是黑的啊！」我抱著肚子大笑，我怎麼沒想到！之後，每當風一起，營地便可聽到塑膠袋叭叭響的聲音，這是一張會出聲的旗子。

出奇的大太陽，衣服及裝備都曬乾了，一點也沒有颱風的跡象。下午三點多時，我獨自到營地的下方巡陷阱，讓其他人多休息。我已經好幾天沒來看這地區了，都是夥伴向我報告這兒的餌老是被小動物吃掉。第一個陷阱，便花了我近一小時重新設好被彈起的機關和套索，又是白鼻心弄的，一坨排遺落在陷阱正前方！

五號陷阱位在日據時代的學校所在。這回機關沒有彈起，但餌又被吃光了，只剩下飯。我跪在陷阱前，伸直身子，鑽入陷阱小室中，手持綁著鐵絲的醃肉，要將肉綁在小室內側裝飯的竹筒上時，忽然從手指末端傳來一陣劇痛，我連忙將手抽回，一隻細腰蜂從被我觸動的蜂蜜罐裡飛出來。我本以為那小蜂不要緊，但像針戳般的痛卻迅速蔓延開來，我趕忙放下手中的肉塊，跑到一旁小解，把尿液淋在指頭上。只是這天然氨水好像沒什麼作用，我立即背起背包，跑回研究站。

把手泡在大臉盆的溪水後，痛持續著。我見情況不妙，從麻醉箱裡取出一劑抗過敏藥，卻沒人願意幫我打針。我捲起袖子，將針頭戳進手臂上凸出的血管裡。這一針似乎也沒減低抽痛，我後來又陸續吞了三顆止痛藥。除此之外，我只能一直蹲在大臉盆旁，將手泡在冰冷的水中。小黃半開玩笑地說，玉山國家公園的三毒，我們已經遇到兩個了——黑熊及毒蜂，剩下的一個是毒蛇；這也是我整個野外調查中最擔憂的一毒，對此我似乎只能求神保佑而已。

晚上大夥都睡了，我睡不著。睡袋旁放了一個臉盆，我將手指浸放在水中，但每隔一段時間水溫回升後，就無法止疼，便得鑽出睡袋，跑到外頭再盛一盆冰水。來來回回換水，後來實在受不了，疼痛加上疲累卻無法成眠之苦，我衝出外頭，把手放到冰冷的溪水裡，好冷，但起碼不會痛了。也許我可以蹲在水旁睡覺，但接下來的寒意卻讓我不自覺地把凍僵的手抽回。月光下，我看到自己的身影，痛、冷、累，眼淚不聽使喚地滑落臉頰。「好痛！」我希望沒人被我壓低的哽咽聲吵醒，遇到這種事，誰也幫不了忙。

這一晚的日誌結語是「很多事，也許『忍耐』是唯一可行的方式。」忘了後來是怎麼睡著的。

—黑熊Dilmu 繫放三個月之後，我們便完全失去牠的音訊，極有可能是因為發報器故障所致。

第六章

熊兆

連我自己都覺得訝異，
我們竟可以在二十天內便捉到三隻熊。
事情及進度都比想像中順利。
現在，對整個研究進展下定論仍嫌太早，
但這突破起碼給了大家相當的信心，尤其是我自己。

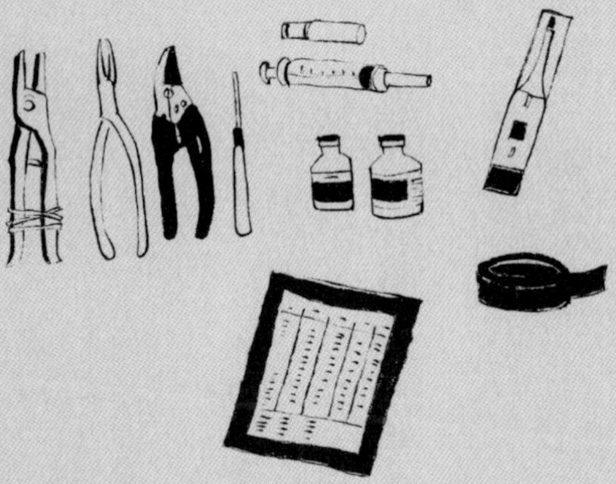

06

時間｜1998.10.28—1998.11.6
地點｜大分
夥伴｜林淵源、謝明安、黃中乃

今晚月光皎潔，外頭十分光亮，山的輪廓一覽無遺。黑色的「垃圾旗」在月光的照映下，呼呼吼叫，我望著它發笑，我愛上了這支會叫的黑熊隊旗。我和大哥並肩坐在營地前的石板上閒聊，話題經常離不開打獵、野生動物、山和熊。

我問：「你會不會覺得我做熊很傻？」

他想了一下，答：「不會啊！黑熊（的野外研究）很難做」。

我再問：「我是否選對地方做研究？」我們離群索居，陪我出生入死的同行夥伴的動力究竟是什麼呢？

他淡淡地說：「美秀，大分是個好地方。做熊，一定不能急。你還年輕，還沒結婚，應該去闖、去拚。」我們不再多說話，望著對面的好漢坡，黃魚鴞如嬰兒般的哭啼聲，聲聲劃破了山谷的寂靜。

半夜，山羊和山羌的叫聲及經過草叢間的窸窣聲，把我們從熟睡中吵醒。牠們就在屋子右後方，我擔心牠們會把剛長出來的菜苗吃掉，起身敲打鐵皮，把牠們嚇走。

單純又傳統

因為捨不得用電池，所以晚上僅靠昏暗而閃爍的頭燈振筆疾書；只是白天體力耗支，常常寫著寫著便睡著了。清晨五點半趕忙起身寫落後兩天的日誌。升了火煮一鍋熊飯，並將昨晚吃剩的飯菜重新加熱。這些天的晚餐都是小黃掌廚，但他不吃豬肉，所以我們每天幾乎都是「乾菜大全餐」，一道菜裡常摻有三、四種以上乾菜（蘿蔔絲乾、榨菜、筍乾、香菇、木耳、高麗菜乾、金針、海帶、乾麵筋）在裡頭。

山上三餐的大事，我們沒有輪值表，誰有時間誰就負責煮；只要有人把食物端上桌，就有人會把盤中飧消化掉。我們省吃儉用，不挑食，不浪費，過著樸實簡單的山居生活；我也從未聽過任何夥伴抱怨過山上的粗衣陋食。我時常想，其實人基本生活所必需的實在不多，身處在一個高度物質充斥的時代裡，我們還是可以選擇過簡單生活。

每天早上出發前，總要用無線電接收器偵測 Dilmu 的訊號，如同和牠道聲「早」一般。但是和昨天一樣，今天（二十九日）也沒有測到 Dilmu 的訊號，不知道牠跑去哪兒了。

通常，我們在七點半啟程外出巡陷阱。今早大家也很早就準備妥當，鼓鼓的背包裝滿了各種器材及午餐（多是飯團或冷便當），但是大哥們卻穩穩地坐在爐火前，沒有出聲，也沒有要出發的意思。我沒敢催他們上路，心想是不是我哪兒又惹他們不高興了。直到八點，他兩人才起身出發。我不解。到了晚上，趁他們心情看來不錯時，問他們怎麼一回事。原來，小黃在他們正準備出發前打了個噴嚏——這是眾所周知的布農族打獵的禁忌之一。我驚訝大哥們仍遵循著古訓。

狩獵是布農族傳統的生活方式，也是文化。打獵的禁忌十分繁瑣，從獵場的使用、狩獵的方式、時節、動物、祭典、獵物的處理及使用，到獵人的行為規範等等，都有限制。大哥舉例說，打獵前一晚不可行房；有近親要結婚或家逢喜或喪事，忌諱出去打獵；也忌諱出發前聽到人放屁、打噴嚏（有時甚至因此得取消打獵的行程，以避免不吉利）。所以，以前獵人要出發打獵時，在天未亮前，會把小孩從熟睡中挖起，帶到房子的角落藏起來，免得聽到自主力還差的小孩發出不當聲音。等到獵人離家後，小孩再回去睡覺。

這些傳統禁忌很難用科學邏輯解釋，但從某種角度來看，禁忌某種程度地約束了獵人的狩獵活動，避免對野生動物可能的無限度利用。縱觀世界地球村，不少傳統的原住民部落都有相似的利用自然資源法則。然而，在當今生活方式及文化價值急遽變遷之際，很多維繫人與自然微妙關係的傳統，都逐漸消失隱沒了。

夢熊Silu

我和小黃一組，往山坡出發才不到十五分鐘，便聽到坡下大哥渾厚的吼叫聲。我知道有情況了，趕忙打開對講機準備和他們通訊，「美秀，三號（大分橋頭）陷阱有熊！」對講機裡傳來大哥高亢而簡潔的呼喊，我們掉頭衝回營地，收拾麻醉器材。

柯大哥激動地說，他走過大分吊橋之後，忽然發覺眼前的陷阱架亂成一片，樹上又有熊爪痕，他立即退回，告訴正在過橋的大哥，大哥隨即用喊的通知我。我問：「你有沒有看到熊？」他楞一下，答：「沒有……不過我差點撞上陷阱。」林大哥也搖頭表示沒看到熊。真有熊在陷阱上嗎？

一到陷阱，我先上前查探軍情。架設陷阱的木頭散落滿地，我卻找不到熊。因為陷阱是架設在古道上，我無法直接通過，遂繞道爬上山坡，方看到陷阱下坡的大石頭下方的一團大黑影，牠正趴在地上，一動也不動，好像在睡覺。牠的毛色在樹縫灑下的晨光照映下，閃閃發光。這隻熊的體型比 Dilmu 要大許多，我估計牠的重量後，退回小隊那兒，安排麻醉布局。

我和大哥們分三路接近熊，牠看來比我們還緊張，繞著綁住套索的樹跑來跑去，讓人不禁擔心那棵樹是否會被連根拔起。接著，牠又爬上那滿是牠先前留下爪痕的樹上，倒立地趴在樹幹上，使勁啃咬樹皮，這是動物轉移注意的行為，將對主要刺激來源（人）的注意力轉移到其他無關的事物上，就如同有的人在緊張時，會咬指甲或往返踱步一樣。只要有人稍稍靠近，牠便衝向那人，直到腳上的套索限制住牠的移動之後，才退向另一側。就像在玩躲避球般地進進退退，僵持十分鐘之後，大哥們順利地吹入兩支吹箭。我則使用麻醉戳杖，針頭在打入動物體表之後又彎曲或斷掉了，和麻醉第一隻熊的情況相同。在美國採用的這個方法看來在台灣不是很管用。陷阱裡的台灣黑熊敏感、好動多了，會做最後的困獸之鬥；美洲黑熊則顯得無關痛癢。

這是一隻體態十分壯碩的公熊，身上沒有任何疤痕，四肢健全，除了犬齒末梢有些許磨損之外，沒有任何瑕疵。紀錄紙上的第一筆公熊紀錄：

性別：雄

體重：九十八公斤

年齡：成體（後來的齒堊層年齡判斷其為四至五歲，上限七歲）
體全長：一百六十二公分
頭長：三十五公分
胸圍：八二．五公分
前腳掌長：十九公分
後腳掌長：二一．三公分

有了上一次的經驗之後，接下來的麻醉處理過程就順暢多了。上一回，所有的東西（包括熊、人、裝備等）都是溼的，又找不著器材、拿錯藥品、沒時間抽血……，還有四顆慌亂的心。

陷阱旁有一坨青褐色的新鮮排糞，裡頭都是青剛櫟堅果和幾片未消化的碎殼。釘熊籠仍是很花時間，撿來的生鏽鐵釘，每每遇到材質堅硬的青剛櫟木頭，才打進去便彎掉了。然而，我依然希望將牠留籠察看二天之後，再還牠自由。

回營地後，飢腸轆轆的我們，立刻煮了一壺水，大夥自行泡了一碗泡麵，配著「山色」下肚。飯後，我開始整理樣本，將熊血樣本泡在溪水中，希望藉此降低溫度，延遲血液敗壞的速度。日後血液萃取DNA做個體血緣及遺傳方面的分析，或許是不成問題；只是在沒有電、沒有冷藏設備、也沒法立即送下山化驗的環境下，這血液樣本在幾天的持續敗壞之後，便無法完全反映動物的生理或健康狀況了。暗嘆可惜之餘，早上捉到熊的興奮，現在取而代之的是感嘆深山研究的不便、困難，以及政府對生態研究經費的限制。在台灣，我們不僅對野生動物的行為生態所知有限，對野外動物族群數量及疾病調查的基本資訊也付諸闕如，這如何談自然資源的經營管理？好比一個人不知口袋有多少錢、不了解市場運作及風險，卻奢言談投資理財之道啊！

晚飯後，在忽明忽暗的燭光下，大家圍坐在一張搖搖晃晃的餐桌前，聊起今天的麻醉過程，我邊聽邊整理今天的資料。這回是柯大哥替今天加入的新夥伴取名Silu（西路），是他以前養的獵狗的名字。他滔滔不絕地用布農語，向大哥談起那獵狗的種種英勇事蹟，無視於身旁一句話也沒聽懂的我和小黃。我不想剝奪他兩人此時的興奮，遂沒有插入「可不可以請說國語」這樣的提醒。我逐漸發現，很多樂趣是無法用母語以外的其他語言描繪或傳達的，所以有時我會像完全了解他們對話般地靜靜坐著，單純地欣賞著他們的神情和聲調。

Silu逃走了！

「夢」也是我們重要的話題之一。與我搭檔的大哥們對夢有很強的信念，至於對夢的解析方式，則在我的理解範圍之外。五天之內，我們竟捉到了二隻熊，有些出乎意料，但對兩位大哥而言，好像是本應如此，因為事先早已得到暗示。不知是誰開始說起昨夜的夢的：小黃夢見一排熊腳印；柯大哥夢到老人給他東西（暗指熊），他說不要，老人說不可以；林大哥則夢到抱著最疼愛的小女兒阿莉，他並詮釋說，就像今天與大夥用地布抬Silu放入籠子裡的情景一樣。我有點窘，因為我完全記不得我的夢。

根據有關研究傳統布農族社會文化的文獻指出，傳統布農人將宇宙分為三部分：自然

（Dihanin）、萬物精靈（Hanidu），以及人（Bunun）；構成人的精靈可以暫時離開身體，到處遊晃而遭不同境遇，使人有好夢或惡夢。夢有兆示作用，可以預兆未來的結果。如果做好夢，比如摸女孩子的乳房、殺人、吃飯喝酒，打獵便會有好收穫；反之，若是凶夢，比如東西被搶了、自己在哭，便不宜外出打獵，否則易出意外或收穫不好。

晚上十點，山谷又籠罩在一片明亮的月色裡。北方十二號陷阱的方向好像有山羌叫，不知是否因為熊而叫，還是熊在叫？Silu 的無線電訊號很清晰，意外的是，消失兩天的 Dilmu 訊號也出現了，牠倆此時都在休息（不活動）。

三十日一早，仍是我和小黃一組。當我走到大分吊橋中間時，遠遠望見放在橋頭的籠子開了口。小心翼翼地靠近，籠內除了一坨排遺外，空無一物。Silu 逃走了！由清晰的無線電追蹤訊號看來，牠應該離此不遠。大哥要是知道了，可能要臉紅，因為昨天他才自誇地說：「這個籠子釘的比第一個要大、要好看。」也許因為 Silu 是一隻健壯的公熊，籠大讓牠有足夠的空間使力。想想，第一隻熊能被我們囚禁兩天，也算是運氣，一則是老母熊，一則缺了求生利器的前掌。否則光是由手臂粗的木頭拼湊起來的籠子，怎能圍住一隻大黑熊。

在我們整理四號陷阱時，聽到下坡處有草葉窸窣的聲音。小黃先上前探望，「是熊！」我看到一團黑影，體型比 Silu 和 Dilmu 都小，頸上並沒有頸圈，是新的熊。牠緩慢地在草叢中低頭走動，好像是在找東西吃，沒一會兒便走入樹叢裡，消失在我們眼前。

回營地後，分享戰況。大哥也興奮地告訴我，他們巡視的三個陷阱，都有熊去吃餌。其中一隻的腳印很大，另一隻的腳印則較小，都循著人的路徑走，他還估計大者可能有一百五十公斤重。我們這組也發現北側的八號陷阱，機關彈起，整個餌被熊拖出，裝飯的竹筒也被劈成碎片。

青剛櫟開始落果；也許時候真的到了。我趁著晚上趕工製作麻醉針筒，現在隨時可能用到。

大腳Dalum，得來不費功夫

三十日大清早，小黃興致勃勃地說他昨晚夢見我們捉到一隻大公熊，正在商量如何對付牠。昨天做好八、九支麻醉針，我也有預感今天可能派得上用場。

昨天，我和小黃沒時間去看二號陷阱。這兒的餌大多是被白鼻心吃掉了，所以我對此陷阱幾乎沒抱什麼期望。當我切下坡接近陷阱時，看到散落一地被劈裂而反白的木頭，以及一團黑影，我知道我們又捉到熊了。牠正安靜地趴臥在旁邊一棵二葉松下。

我用對講機呼叫大哥，卻沒有任何反應，不是他們尚未開機就是遇到收訊的死角。反倒是回營地之後，我們直接朝山頭呼喊，立即得到他們的回應。因為麻醉器材都已事先收拾好，所以無須花時間準備，加上這次不用再釘熊籠，裝備減輕不少，幾分鐘之後，我們就到位在營地下方約二、三百公尺遠的二號陷阱了。

這隻熊脾氣不小。在我悄悄靠近時，被牠突如其來的大吼嚇了一大跳。套住牠左前腳的套索纏繞一圈在另一棵樹幹上，牠沒法跑來跑去。我離牠大概只有五公尺之遠，牠抬起頭端詳著我，我給了一張特寫鏡頭，再度被那雙深邃的眼神吸引住。因為牠行動受限，所以我們在五分鐘內便輕易地完成了兩劑的麻醉注射。

這也是隻體態壯碩的公熊，頭頂因壁蝨寄生，有塊脫毛斑，耳朵外緣也有三處小缺口。體全長一百六十三公分，頭長三十四公分，胸圍八十四公分，前腳掌長二十公分、寬一三．五公分，後腳掌長二一．八公分。雖然體重達九十九公斤，但是由觸摸其肩膀、背部、肋骨等處的骨頭突出程度，以及單薄的脂肪層厚度看來，牠其實有些瘦。因為牠的大前腳掌，大哥們為牠取名「Dalumn」（達隆，取自一具有大手掌的村民之名）。

陷阱附近找到一坨褐色的排糞，裡頭除了青剛櫟堅果外，還有些山羌的毛髮。麻醉後，大哥們輕鬆地協助我處理動物，等到測量結束後，大家從容地和熊合照，不擔心熊可能隨時會醒來。這一回，整個麻醉處理過程只花了一小時二十分，大夥心情愉快！

晚上十點半，又是月色明亮一片，夥伴們都已進入溫柔鄉，不知是否有人正做著熊的夢。三隻熊的無線電訊號都可測的到，今早捉到的 Dalum 已呈休息狀態，約在三號陷阱附近，沒走遠；Dilmu 亦休息，在山谷下方；破籠的 Silu 則呈活動狀態，在對面山好漢坡的溪谷方向。

連我自己都覺得訝異，我們竟可以在上山第一個月的二十天內便捉到三隻熊，而且雌、雄皆有，還把唯一的人造衛星無線電追蹤頸圈掛在活動範圍較小的老邁雌熊身上。雖然我不知道接下來這些掛著頸圈的熊夥伴們會怎麼跑，幸運的是，事情及進度都比想像中順利。現在，對整個研究進展下定論仍嫌太早，但這突破起碼給了大家相當的信心，尤其是我自己。

與熊同林

十一月二日，我哼著歌慢慢地接近八號陷阱。今天是特意來看這個陷阱的，連續好幾天，餌都被熊吃掉了。這隻熊（可能是同一隻）很不簡單，或者說聰明、狡猾。牠曾從陷阱正前方進入取餌，觸動陷阱機關彈起來，但是沒捉到牠；後來牠便分別從陷阱左、右兩側將圍木搬開，再進入取餌；最後，等到我們把餌圍得天衣無縫、只留下一條通道時，牠竟然從上而下伸入前肢，安全勾得餌食。

這回，我沒見到架起的陷阱圍木，而是散落一地的木頭。樹叢後方，有團黑影靜靜地趴在地上，對於我的出現沒有特別反應。牠並不特別大，大概只有七十公斤吧！我離開現場，對講機呼叫正在營地進行監聽黑熊活動模式的小黃，要他呼喊沒帶對講機的大哥們，並且收拾好已準備妥當的麻醉器材。

我繼續走到下一個陷阱（九號），一如昨天，機關又彈起來了。飯團只剩半個並掉在地上，木叉上仍插著臘肉。我重新設好套索，塗了水蜜桃氣味劑，再放上飯團，然後返回八號陷阱。此時大哥們已經巡完陷阱回到營地，並與小黃會合，將器材背到我這邊來；雖不能說路途遙遠（約三公里），但如此奔波也夠累人了。

我拿著海苔飯團，悄悄走近牠，離牠只有五公尺。牠仍是靜靜地趴著，偶爾才抬起頭來左顧右盼或搔搔身子，看起來十分自在，一點也不像身處囹圄。秋天不曬人的陽光從樹梢灑下，微微的風吹著，林子裡異常安靜。我坐在鋪滿松針的地上，面對著牠啃飯團，牠似乎不在意。我倆安靜地對望著，感覺很奇妙。

忽然，我想到應該請他們帶螺絲起子過來，於是起身躲在大樹後講手機。我想我吵到牠了，牠吼叫了一聲，站起來，啃了幾下腳跟下的木頭，試圖逃跑。這時我看到套索只套在牠右前掌約三分之二處而已，並不是整個掌部，因此如果牠用力掙扎，可能可以掙脫套索。我暗想不妙，連忙離開現場，手機通話還沒來得及完成，另一端傳來「聽不清楚，你說什麼……」

經驗加上合作默契，讓我們駕輕就熟在一個半小時之內就完成了麻醉、測量及採樣。牠重達八十八公斤，卻顯得瘦骨嶙峋，外觀上幾乎可見突出的骨頭輪廓。牠有一口亮麗完整的牙齒（四十二顆），除了犬齒末端略有斷痕外，看的出來是隻頗為年輕的公熊。然而，牠左前腳的中趾卻斷了一節，又是「虎口餘生」的證據，應該曾經中過獵人的陷阱。陷阱只套住這根指頭而已，不像 Dilmu 整個前掌部都不見了。

在麻醉拮抗劑打入二十分鐘後，黑熊逐漸甦醒，我們躲在離牠約三十公尺遠的上坡處觀察牠的反應。牠坐在地上，頭部不停地搖晃著，過了一會兒，試著用前肢爬行，但因為麻醉藥效尚未完全消失，後肢的反應較慢，仍無法移動。一小時後，牠已經能夠站立走動，但沒有立刻衝離現場，在原地跌跌撞撞地熱身好幾分鐘後，終於踏出一個蹣跚卻穩定的步伐。之後每走幾步便停下來左右張望，似乎在考慮接下來應往哪邊走，像是迷了路一般。

大哥替牠取名為「Cuma」（庫瑪），是日本語音的「熊」，但依然是布農族獵狗的名字。

Dilmu 的斷掌和 Cuma 的斷趾讓我十分憂心。據一些曾經捉過熊的原住民獵人表示，他們有時也會捕獲斷掌或斷趾的黑熊。事實上，很少獵人會把熊當成是鎖定的目標物，除了與傳統的狩獵禁忌有關之外，主要可能是因為黑熊數量稀少且行蹤不定，使得捕捉不易且危險。獵人主要的獵物是山羌、山羊或山豬，陷阱除了鐵夾之外，主要是鋼索或尼龍繩製的套足式或套頭式的套索。套足式套索因為輕便及便宜，最為普遍。獵人將圈套放在挖好的坑洞上，再覆上落葉、泥土，動物的腳在不慎踩到埋伏時，觸動踏板並帶動套索，套索隨之縮緊而套住動物的腳。一個獵人一次設置幾十至百個陷阱，是常有的事。這些陷阱被設在動物出沒頻繁的山稜或河谷，有時候便形成天羅地網，倒楣的黑熊就不免落難了。

黑熊難逃誤中的陷阱，但有時因陷阱坑洞太淺或套索太小，套索只套住牠的趾頭而已。運氣好的話，被套住的熊有時會破壞陷阱，帶著套索一起逃跑，被勒緊的趾頭或掌部後來則因血液循環不良而壞死。有位卓溪鄉的獵人告訴我，他曾在所設的陷阱上，撿到黑熊咬斷的趾頭——熊會自殘咬斷趾頭而逃走。沒能逃脫的個體，不是體型較小，便是被套索纏住而行動受限，自然就成為自投羅網的獵物了。這與我的原住民獵熊的訪查結果相符，被獵人陷阱捕捉的黑熊有一半以上是小熊（體重約小於四十公斤；五三％），或者說，小熊被陷阱捕獲的比率是被獵槍打死的三倍。

由此可見，人熊之間存在衝突，原因之一即是兩者的獵物或活動空間相同。獵人在動物活動痕跡多的地方設陷阱，而這些草食獸也是黑熊的食物之一，或者黑熊也會和這些動物一般趨向食物或其他資源豐富（比如青剛櫟、水源）的地方，因此人、熊的活動範圍遂重疊。草食獸被陷阱捕獲之後，其哀嚎聲及後來屍臭味也可能會吸引黑熊前來此處覓食。因黑熊會吃掉陷阱上的獵物，也是食物的競爭者，所以有些獵人視黑熊為敵人。就如同有些獵人所說的「我沒有要捉牠，是牠自己要來的」、「牠沒有長眼睛」、「牠運氣不好」……但是，那山也是熊的家呀！

胡椒噴劑成功護身

十一月三日，我特意安排大哥巡視上頭的陷阱。因為這幾天，那兒的陷阱老是被一隻功夫了得的熊把餌吃得不留痕跡。我希望他是第一個發現熊中了他設的陷阱的人，那份發現的驚喜已被我奪走三分、柯明安一分。但是他回營地後，冷冷地說「摃龜」，卻轉而告訴我們一個比發現熊還刺激的故事。

他很小心地往十四號陷阱方向走，在路上便發現看似仍冒煙的熊大便，很大一團，以及碩大的熊腳印，一如前些天所見。但是，陷阱卻一點動靜也沒有。他接著走向下一站陷阱，路上經過我們砍出來的芒草林通道。走著、走著，就在半路的芒草林之中，他聽見左手邊距離僅約一公尺處傳來兩聲黑熊的吼叫聲。這著實嚇了大哥一跳，他立刻拿起胡椒噴劑，朝著熊咻咻噴了兩下。此時逆風，噴出的橘色粉末卻迎風吹到他跟前，使他不斷流淚、咳嗽。熊是逃走了，然而，熊到底是被他的咳嗽聲嚇跑，還是被胡椒噴劑驅退，至今仍是個謎。

這個專為防熊而設計的胡椒噴劑，噴射範圍據說可以超過五公尺以上，噴劑對動物本身無害，卻會產生十分不舒服的反應，而制止動物可能的進一步攻擊行為。起碼，這一下讓大哥們對我們身上唯一具備的護身武器有了信心，因為在這之前，他們總對於我說這瓶噴劑有防熊之效的話半信半疑。他們的安心，讓我對大家的安危稍微放心了一點點。在美國捕熊，有些研究人員可是備槍防身的，所以我們也得自求多福。

我們決定提早下山，因為無線電追蹤頸圈已經用完了。趁著下山前一天，我們自上午便開始持續監聽黑熊無線電的訊號。在營地，架高的基地天線可同時接收所有四隻熊的訊號，顯示牠們仍滯留於大分地區。每隻熊的發報器都有特定的頻率，發報器內並有一個偵測器，可以感測動物的活動狀況，而發出不同快慢的無線電脈波：動物活動時，接收器便收到快速的嗶嗶聲響；若動物不活動，嗶嗶聲響的速度就會減慢、漸趨穩定。我們戴上耳機，聽著接收器發出的嗶嗶聲響，記錄下這些響聲的速率、強弱、方位，藉此判斷動物的活動狀況。每隔半小時追蹤每一個體、記錄一次三分鐘的活動資料。藉由二十四小時的活動模式監測，我們便可以估計動物每日的作息及活動程度。

晚上月圓，外頭明亮，我把睡墊鋪在工寮前，大哥幫我生了一堆火。十點至明天清晨是我的輪值表，這是第一晚與熊的對話。無線電追蹤訊號顯示，這個夜晚除了 Silu 從午夜休息至次晨六點之外，其他三隻熊夥伴好像都是夜貓子，甚至到夜間三點仍是活動著，但不知道牠們實際在做什麼。

十一月四日，中午前，我們已關閉所有陷阱，打包好，吃過中餐，等著收集完最後一筆熊活動模式的資料，準備出發回家。在這四人隊伍之中，我是唯一沒腳傷的：小黃在抵大分前下好漢坡時，扭傷腳踝；柯大哥除了胸口的內傷之外，也有腳傷（痛風），是舊傷；大哥的一腳大拇趾指甲似乎快掉了。

我走在最後，雖然一整晚沒睡，但因心情快活而步伐輕盈。想早點下山，卻不強迫自己趕路。切下到多美麗日據古道時，在古道旁看到一形狀完好的熊排糞，直徑約四公分，應該不會超過四天。雖然外頭已長有一些白色斑狀的霉，仍可看到山蘋果的碎片及種子。翻過二千多公尺的好漢坡之後，感覺就快到家了。這次，我們帶回了台灣動物研究史上的另一筆新資料。

第七章

研山、研友、研我

我為自己而出征、為自己而上山，
同行的夥伴為何上山呢？
我犯的一個錯誤，便是不自覺地假設：
同行的夥伴會體諒我對研究的專注，
而多給我一分包容或恩寵。
更糟糕的是，我用要求自己的尺度，期待別人配合。

07

時間｜1999.3.26—1999.4.6
地點｜瓦拉米、土多滾、十里
夥伴｜洪炎山、謝光明

野外研究是磨練心智的好戰場。與世隔絕的時空，加上如影隨形的研究壓力，壓得人喘不過氣來，吃飯、走路、睡覺都想著熊。與其說為之如痴如醉或走火入魔，不如說研究成了生活中不可須臾分離的一部分；這是一般全職博士研究生的通病吧！在這段遠離家人好友的孤寂時刻，面對自己是無可遁逃的赤裸裸接觸。也許我們都不如想像中的美好，所以一旦被迫和那個真實的我碰面時，總是充滿不安與憤怒，是內在衝突，但也是內在革命的泉源。

一九九九年三月二十六日，只有我和助理洪炎山上山，進行無線電追蹤。

窩在實驗室寫了半個月論文，體能狀況變得很差。登山口到土多滾這段路約十九公里，路好走，我卻走得十分吃力。我們帶的食物不多，力求精簡，能吃飽就好，背包仍是至少二十幾公斤，多半是望遠鏡、照相機、無線電追蹤器、對講機、GPS等器材。雖然讚嘆著初春的綠意、享受春風吹拂，緩慢、單調的前進步伐卻讓人難耐。沿途走走停停，常常不到一公里就休息。我沿途監測去年捕捉繫放的六隻熊的無線電追蹤訊號，卻毫無結果。

第二天，我們繼續往山裡頭走，尋找熊的無線電訊號，終於在山陰（二十一公里處）測到Gulu的微弱訊號。Gulu是我們去年十一月二十七日捕捉的公熊，二至三歲（亞成體）。訊號指出牠在山頭後方，我們很自然地往訊號強的方向接近，如同磁力效應一樣。但整個上午 Gulu 的訊號一直很微弱。在石洞駐在所（二十四公里處）前的崩壁旁，我們驚見兩隻比熊還罕為人知的黃喉貂，牠們從步道旁的草叢冒出來，一前一後、鬼鬼祟祟地爬上坡，離我們不到十公尺。我們趕緊掏出錄影機，記錄下這驚鴻一瞥的身影。

下午二點開始飄起霧雨，我們走到二十五公里廢棄營地時，Gulu 的訊號轉為清晰，並指向下方溪谷。我判斷應該離牠不遠，清晰的訊號可以讓我們監測二十四小時的活動模式。是紮營的時候了。我們將一張舊雨布鋪在步道上，下面用砍來的芒草當睡墊。哪知「家」才剛打點好，牠的訊號忽然變得十分弱、雜音很多，然後就完全消失了；這讓我們十分詫異與不解。我在附近四處走動仍是找不著訊號，莫非牠鑽到洞裡躲雨了，或者牠真是和我們玩起貓捉老鼠的遊戲，在滿山遍野四處亂竄？

入夜後的雨下得更凶了。由於天晚，加上疲累，這段步道草長難行而多螞蝗，我們決定暫宿於此。為了減輕負重，我們把大部分的糧食藏在一公里前的石洞駐在所，晚上只煮了一小鍋臘肉湯，雖然無法完全充飢，但味道特別好。此處小黑蚊很多，我們生了一堆火，希望煙火可以燻走牠們；但是外頭下著雨，牠們還是選擇和我們一起躲在會漏水的雨布下避雨。一整晚我們都在打蚊子，後來我索性戲稱此處為「小黑蚊營地」。

二十八日早上起來，所有的東西都因雨或溼氣而溼答答的。我沖泡了一杯加黑糖的咖啡，算是提神及補充能量；炎山因胃不適，只喝三合一麥片。打包後，我們便分兩路出發，因為不確定 Gulu 往哪個方向跑，炎山遂先輕裝往新康山的方向找，若無，半小時再折回；而我則直接重裝往回程

（十里，二三．五公里處）方向走。

近中午，我們在土多滾停機坪（十八公里處）收到Gulu的訊號，時強時弱、忽快忽慢，顯示牠正活動著，但是我卻無法判斷牠的方位，有時指向北側正下方的稜線，有時卻指向東南方的瓦拉米。停機坪位在稜線上，風大霧濃，我們用六號吊橋施工後留下的三合板，靠著駐在所石牆圍成一個可以避風的小室，地上鋪上木板，這算是高級的簡便旅館，也是今晚進行活動模式監測的據點。站在停機坪的霧雨裡，平日可見的山巒群峰此際都在這一片白茫之後，我只看見自己以及所站之處。望著忽隱忽現剛搭起來的家，我不禁笑了出來，面對這樣克難的研究環境，只能自得其樂，不是嗎？過慣了都市叢林生活的人，有幾個願意或樂意面對如此的工作環境。我有點哭笑不得……。

在我用無線電追蹤定位時，炎山煮了我們入山三天以來的第一碗白米飯，是粥加上牛肉罐頭，還有不知放在這兒多久的皮蛋，炎山開了之後不敢吃，我就把它全吃掉了。我們二人吃得十分隨便，甚至算差。像炎山這樣肯跟著我做這些繁重的苦力工作而沒怨言的人，應該很少。

原本以為此稜線是無線電追蹤最好的位置，動物的訊號應該不會憑空消失。整個下午牠的活動都很激烈，哪知在監測完五點半的活動模式之後，牠又消失了。晚上，我點著頭燈沿步道往下走約半公里，仍沒測到牠的訊號，因為怕被蛇咬，只好打道回府。

萬事皆備，只欠東風

早上六點，打開無線電接收器，又收到Gulu的訊號，我們繼續一天活動模式的監測。我揣想，前兩晚的訊號消失，是不是因為牠在隱蔽的地點休息，以至於訊號接收不良？

哪知十一點後，訊號又不見了。我先行去追蹤熊的行蹤，等確定牠的蹤跡之後，再聯絡炎山，決定下一步的配合動作，因為紮營地點、裝備搬運及水源，是我們必須擔心的問題。炎山則在停機坪收拾裝備，隨後過來和我碰面。

後來，我在山陰收到牠的訊號，於是和炎山聯絡，做同時無線電追蹤三角定位。在地圖上標示出定位點的位置，顯示牠正活動於山陰的稜線上，這是這回上山收集到的第一筆定位點資料。

下午一點之後，牠的訊號又轉弱而後消失。我再趕到十里駐在所，雨也下了起來，果然測到牠的訊號，牠翻過稜線到西側山坡。我掏出紀錄本，繼續記錄牠的活動模式。等到五點，仍未見炎山的影子，而對講機通訊不良，也無法聯絡上他。我於是折回，到了山陰終於和他用對講機取得聯繫。他告訴我，二點多他途經六號工寮時遇到大雨，遂在工寮裡避雨。我聽出他不打算過來我這邊。已經跑了一整天，如今若要他將所有的裝備都背過來，天色將黑又下雨，實在太強人所難。雖知可惜，但我也沒堅持，只好放棄好不容易追到的無線電訊號。東風不夠，船行不得。

回到工寮時，炎山已生起火、煮好飯。晚上，我們在吊橋施工工人留下的六號工寮過夜，Gulu則在十里。

都是對講機惹的禍

三十日早上，大慈悲心鳥叫聲不斷，出現難得的雲海，周遭一片雲霧迷濛，很詩意也很有意境。只是現在對我來說，卻是烏雲罩頂：可能又會是個陰雨天，這是台灣中海拔雲霧帶的特色。原打算輕裝出發去找熊，但很想利用晚上收集活動模式的資料，所以改變心意重裝出發，方便隨時紮營在可以收到熊訊號的地方；不過我們仍將不必要的東西都留在工寮。

然而，早上往停機坪方向及在另一側的山陰山谷移動，都收不到 Gulu 的訊號。終於，在山陰往十里的路上，又收到 Gulu 的訊號。十一點之後開始下起霧雨或者真是雨，我和炎山分別在十里寨所及山陰，Gulu 的訊號很強，牠在我倆之間，我們打算做無線電追蹤三角定位。我們的對講機通訊狀況十分差，讓人真想把它踏碎。我和炎山斷斷續續地講了半小時，仍無法聽清楚彼此偵測到的無線電訊號情況，以及確認同時定位的時間——我們都不能確定對方到底聽進了多少話。我倆試著只用一些關鍵字大聲講話，希望對方能從隻字片語裡湊出意思。

我憂心如焚，好不容易遇到可以同時定位的時機，卻因無法順利通訊而延誤定位。萬一熊又跑走，不知將待何年。當炎山還試著和我通訊時，看著手上發出雜音和他短暫片段聲音的對講機，我終於火了，我根本不知道他在說什麼！憤怒、沮喪之際，我按下通話鍵，脫口而出：「炎山，不要再浪費我們的時間了！」

語畢，我暗覺不妙，但心想對講機通訊不良，他應該不會聽到——然而，我又錯了。

了解到兩人無法同時三角定位之後，我只好叫炎山在往十里過來的路上，每隔三十分鐘定位一次，我這邊也同樣做，這樣我們應該還是可以定出 Gulu 的位置，但我仍是不確定他是否有收到我的訊息。後來在十里駐在所碰面時，我將監測活動模式的紀錄交給炎山，一個人直接再回六號工寮，因為雨布、睡墊都沒有帶過來，水也不夠用。

從工寮到十里的路上，我一手是雨布、睡墊，一手是裝了五公升水的塑膠桶。這些東西都不是花錢買的，就像好多東西、器材，不是向實驗室借的，就是在山徑上撿到的。這個野外調查的刻苦窮酸程度，和面臨的實際野外環境狀況不相上下。這樣子追著熊跑，沒有好的或固定的紮營地點，可以讓我們舒適地遮雨避風；就像在停機坪、小黑蚊營地或現在的十里駐在所，我們只就著一張會滲水的雨布及地上一層薄薄睡墊棲身，根本擋不了小黑蚊的肆虐，以及不知哪裡跑出來的螞蝗。我不斷想，有啥方法可改善嗎？沒有電，一切熱能都得靠背上山的燃料（去漬油、瓦斯），一個人能負重多少？山上的糧食也是問題，能囤積多少及多久？難保不會因其他登山客或野生動物的光顧而減少。

感覺這四公里好長、好長！又是霧又是雨，沒戴帽子的頭髮不知是因汗，或雨，或溼氣，而溼成一團。我不敢多停留，因天色漸暗，而且炎山一個人在十里淋著雨呢！一整天都霧茫茫、溼淋淋的，四下不見物的蒼茫在大分很少見，我反覆地自問：「這工作的意義何在？」

在這山裡頭，只有我和幫忙的炎山。野外研究環境如此險惡，難道這就是我的生態棲位嗎？我了解自己吃得了這種苦，憑著一份執著與忍耐，自娛娛人，就像我的碩士論文研究，我能夠收集到豐富的食蟹獴無線電追蹤資料一樣。但這黑熊研究若拍成紀錄片，想必會嚇到不少人。

五點回到十里，我們搭好僅容下兩人的雨布，也發現 Gulu 的訊號轉為不活動狀態，牠的訊號很強，今晚的棲身之所應離我們不遠。我披上雨衣，決定一人出去做三角定位，趁著牠休息時測出牠的位置。當我經過一山溝時，牠的訊號震耳欲聾，我特別放輕步伐，放眼四處，生怕撞見牠。我在步道上開始定位，卻不到一分鐘，牠的訊號的脈波頻率就開始變快，轉為激烈的活動狀態，我想我嚇著牠了，趕緊抽腿往回走。

回營地，炎山已把泡麵煮好。又是麵！

晚上霧雨未停，偶可見明月！黃魚鴞啼聲告訴我牠就在附近，最普遍的黃嘴角鴞當然也少不了。炎山在鑽入睡袋之後，很快就打起呼來了，我對他有一分歉意，如此這般跟著我跑來跑去，吃不好也睡不好，很難為他，但是我又沒更好的辦法。我得監聽活動模式至十點，炎山再接手監聽至明天清晨四點。我坐在地上，關掉頭燈，這樣的寂靜也是吸引我走向山上的原因之一；但，還有什麼魔力，讓我如癡如醉地橫行於這片荒蠻山林裡呢？

忍無可忍的告白

三十一日早上，我繼續聽著嗶嗶聲，炎山起身之後出去逛了很久。這幾天他的話不多，我則專心地追熊，同時盤算著如何節省我倆的能量，不要太累。後來才發現，這也許是我犯的另一個錯。

上午九點，我出發至石洞（二十四公里處），希望能夠定到 Gulu 的位置，炎山則留守十里監聽牠的活動狀況。在石洞駐在所，Gulu 的訊號十分強，但飄忽不定，很難確定方位。一個半小時之後，我倆同時定位成功，Gulu 的確在稜線附近，但是二十分鐘之後訊號又完全消失。

中午我回到十里，遇到天一工程隊及玉管處的一隊人正在用餐，他們要進入至七、八號橋探勘。我叫炎山自己先吃飯，之後再來與我會合，我打算先往美托利（十六公里處）找熊，牠可能翻過稜線到停機坪或瓦拉米那一頭。下午兩點半，我果然在停機坪測到牠的訊號，指向停機坪上方稜線，熊已翻過十里的稜線。

我停留在機坪監測牠的活動狀況二小時後，折回六號工寮，想告訴炎山今晚的行程及狀況，但在半路上便遇到他了。他看來格外地平靜，告訴我他想明天提早下山。我愣了一下，立刻答道：「好啊！」但接著問他為什麼。起先他不太想講，然而他的第一句話卻是：「美秀，你為什麼要說我浪費你的時間……我覺得自己在你眼裡連一隻熊也不如……你只顧著追熊。」他的語氣愈來愈高亢，表情十分嚴酷，我可以感覺一股被積壓的苦悶與沮喪，以及正在蔓延的怒氣。但是，他並沒有指責我的錯誤或不是，只是在提醒我他看到的事實，以及他的感受。

我試著緩和這氣氛，向他道歉，因為我知道他一直無怨尤地幫著我，也試著澄清對講機對話的誤會。但是覆水難收，那話我的確是說了；這也是累積效應，此時我說什麼都太晚了。他說得沒錯，我卻像啞巴吃黃蓮，苦不堪言或無從說起，也因為傷了一個朋友而自責。這場赤裸裸的對話在雨中進行了起碼半小時之久，最後，我說明天會陪他一起下山，但今晚我要一個人留在停機坪，繼續監聽熊的活動模式；他則回六號工寮休息。

如果說痛到最深處可以讓人看見自己，那麼為何我反而更迷失？

都是我的錯

雨中，我一個人默默走回停機坪，十分沮喪，想把問題癥結揪出來。我不能讓同一個問題死纏不放。如果連最信得過的朋友都棄我而去，我要如何面對以後的工作？我試著看清自己，雖然是非難有定論；我得面對現實，不讓自己成為問題本身。自我剖析是痛苦的，因為赤裸裸地扒著自己的皮。如果我無法改變別人和現實環境，唯一能做的便是改變自己，但「我的問題在哪裡？」「我應該往哪兒去？」

炎山沒有錯，我是個工作狂，只要到了野外，便著魔似的只想著收集資料，但是這樣有錯嗎？我一直問自己，何以我最重視的「人和」，在別人、甚至是在我的好朋友眼裡，認為我是棄之如糞土呢？我的感激之情，他難道感受不到嗎？吃苦累人的工作，我也儘量自己來做了，這樣還不夠嗎？這樣的合作關係，最後竟讓我看到寬容和諒解的瓦解。

我是一個研究者，總以為大家和我一起合作進行野外工作，應該把研究當作是第一要務，協助我達成研究目標，而不是我來照顧人，但是這樣的假設顯然是大錯特錯了。我想最基本的問題在於，我們對於研究認同上的差異。對於黑熊研究，我和任何人相較，都有著根本不同程度的認知與使命感，畢竟這是我的博士論文，打從我決定研究黑熊至今已經醞釀三年了，早已有心理準備面對各種困難了。

後來我也發現，這種之於研究的忍受性與耐力不是一般人可以理解的。雖然體能上的考驗是每個人經訓練後即可克服的，但心智上的昇華卻不見得。我為自己而出征、為自己而上山，同行的夥伴為何上山呢？除了對山的狂熱之外，這參與有時只是一份工作，或可以學些酷玩意（原住民文化、黑熊、野外技能），或增加生活體驗？一個隊伍，如果成員之間沒有共同的使命感或目標，我是否仍可稱為團隊合作（team work）呢？我的夢好像在瓦解中。

然而，我犯的另一個錯誤，便是不自覺地假設：同行的夥伴會體諒我對研究的專注，而多給我一分包容或恩寵。更糟糕的是，我用要求自己的尺度，期待別人配合，那怕我已經降低要求了。我的自我要求很嚴又很高，有時雖不自覺，但近一年的野外調查下來，更證實了這一點！不是每個人都可以吃這樣的苦，我很清楚，這與我出生自貧窮的環境背景有關，這已變成我強韌的人格特質了。然而，這樣困苦的山區研究環境，加上拮据的研究經費，每位願意跟我上山的人其實已經是做了某種程度的犧牲：勞累的工作、貧瘠的物質文明、遠離親朋好友。但是，一如炎山，至今未有搭檔的夥伴向我抱怨過苦日子，他們多次和我上山，要求的絕對不是安逸豪奢的工作；在此情況下，如果夥伴得不到我精神上的肯定和尊重的話，換做是我，我願意留下來當傻瓜嗎？

天公疼傻人

這讓我想起了在台大動物研究所做食蟹獴研究的光景，這兒沒有像蘇餅（蘇秀慧）那樣的戰友兼工作夥伴。那時，她擔任指導教授李玲玲老師的研究助理，在哈盆、福山植物園進行台灣獼猴的行為觀察，也同時協助我的調查，我們時常討論有關研究的種種。但是，這裡完全不像福山植物園：車子可到，以及附有電、床鋪、衛浴設備、熱水洗澡的小木屋。這裡只有最原始的工作環境。我渴求一位可以分憂解勞、討論研究問題的同志，是真正的工作夥伴，而非只是個幫手。難道是我不夠獨立嗎？

晚上七點，炎山自動把我的睡袋拿過來，我跟他說明天我還是會跟他下去，同時不忘說聲謝謝！他說了句「對不起」，我回他「該說的是我」。他離開後，我的淚終於忍不住滑下來，我嚎啕大哭，為了自己的無知、無力、無禮！

夜晚，月色明亮，一場我與山神、精靈、土地公婆的對話進行了好久。

我一人熬夜監測 Gulu 的活動模式，只有風衣，咬緊牙關。Gulu 也合作，晚上並沒有消失，也沒起來亂跑；八點之後，牠一直在美托利—瓦拉米之間的山谷呼呼大睡，直到次晨五點半。事情沒有雪上加霜！

四月一日愚人節，我陪炎山下山。真有趣。沿途我竟然在佳心收到 Silu 及 Cuma 的訊號，這兩隻公熊自從一月初離開大分之後，就音訊全無；這個發現給我打了一劑強心針。在玉里火車站和炎山分手前，我再次跟他說「對不起」、「謝謝」。這是我唯一可說的話。

在南安遊客中心休息一天之後，許英文主任不放心我一個人再上山，便指派謝光明和我同行。我們在大白鯊（六公里處）附近遇到林大哥、中原大學人類學研究所及登山社師生共九人，他們看來是快樂地去爬山勝過去做調查工作。這樣愉快的氣氛，想必有助大家的學習及享受山林之樂。

突然，我有了很深的領悟：如果野外調查真只是收集資料的工作，那倒不如及早收手，下山回到城市，呆在實驗室裡或坐鎮電腦螢幕前。野外調查，本身就是生活，俯拾皆是樂趣。於是，我提醒自己放慢腳步，做研究用不著苦哈哈的，資料的收集並非全靠苦力，運氣也很重要。眼光放遠一點，Take easy！

兩隻黑熊好像都在大里仙山稜線附近活動，我們紮營佳心（四公里處）。到了下午，Cuma 的訊號就不見了，Silu 的訊號在入夜之後也不見了。因為不用徹夜監測活動模式，所以睡了一個好覺。

凌晨一點的三盞燈

四日一大清早起來測了兩次 Silu 的訊號，但都沒反應，直到六點三十分才出現了微弱的訊號，不久便又完全消失了。我和謝光明拔營，重裝走到愛玉子工寮（七．五公里處）。後來兵分兩路，謝光明至黃麻（十公里處），沒有 Cuma 或其他熊的訊號，但我們對 Silu 做了一次同時三角定位，不久牠又消失。謝光明折回並留在愛玉子工寮，我猜 Silu 或許翻過大里仙山北稜。因為腳起了水泡，只好一跛一跛地跑回佳心。我猜的沒錯，在佳心測到牠的訊號，於是再忍痛趕至謝光明那兒，他正監聽在對岸瓦拉米一帶活動的 Gulu 的訊號。這麼一來一往，少說有十公里，每走一步後腳跟便隱隱作痛。

下午又開始飄雨，我們兩人背起重裝折回佳心紮營。這回黑熊的訊號很清楚，我們可以同時收到南方 Silu，以及西方 Gulu 的訊號，但牠倆的活動在下午六點半後便不約而同地減弱，所幸還聽得清楚。在倍感挫折的今天，竟然收到 Gulu 的訊號，讓我覺得運氣很好。

窩在睡袋裡，我沒有睡著，霧雨時而飄在臉上，聽著謝光明來回走動監聽無線電訊號時發出的聲音，莫名地感動起來。上山來支援野外研究，本身就不容易，山上工作很辛苦而寂寞，不管他人是自願或是被指派的，我都應懷感激之心，因為他們的協助，事事方得以成就。何不敞開心胸，待之如家人、如密友，用以體諒、關懷，無須分彼此。至於他們如何看待我或研究，則是他們的決定，亦非我能左右。這是我自己的修行，工作只是個改變自己的媒介。炎山給我的一課不就是：用心去照顧你的生活，包括你自己、其他人，還有研究。我覺得豁然開朗。

晚上十點半，謝光明叫醒我，換我監測訊號至明早六點。一點時，我面東（拉庫拉庫溪谷）而坐，點著頭燈，正在吃乾果燕麥片，忽然看前方約二十公尺的步道轉彎處後方有一很強的燈光，像是獵人夜間照飛鼠用的探照燈，還有兩盞較小的燈光。但是，那燈光卻在彎道處停留數分鐘。我有點怕，這麼晚會有誰來？是打獵的人嗎？輕輕地叫了謝光明一聲，卻被他的打呼聲蓋過去。後來有一個人走向我，我關掉頭燈，喊聲：「嘿，你們好！」我先告訴他，我在這兒做黑熊的調查。他好像鬆了一口氣，說：「原來你就是那個做熊的女生啊！」隨後兩個小朋友從他背後出現。他們卸下背包，和我席地而坐。

原來時值清明（難怪雨下不停），南安部落（布農族）的阿諾，領著國一的小兒子志強及姪子要去四、五年前父親在山上工作而斷氣的地方祭祀。阿諾拿出塑膠袋裝的白飯，切了幾塊醃豬肉配著吃。我第一次吃這種生醃豬肉夾一團白米，味道還好，沒想像中可怕。他們聽了大笑。他們問了我好多熊的問題，我告訴他們Silu在附近稜線睡覺，而另一隻大概在瓦拉米。於是，阿諾取消再趕一小段路的行程，打算等會兒便就近找個地方生火睡覺，明天天亮再過去那兒。他們可不想夜裡撞到熊。這回換我哈哈大笑！

早上七點多，兩隻熊已開始活動，阿諾三人又經過我們營地，祭拜完要下山了。這種不忘本的傳統很令我著迷。

我和謝光明繼續輪流在佳心監測熊的活動模式。下午，Gulu 和 Silu 的訊號陸續於二點及五點之後消失了，我懷疑 Silu 是躲起來休息，或是翻山又到黃麻溪谷了。總得有個人再跑去黃麻溪谷測測看。我實在不想走了，於是很不好意思地開口，請謝光明走一趟。我懶懶地窩在睡袋裡，愈想歉意愈濃。不到一小時，他回來把我叫醒。沒測到！我向他說了一些抱歉之類的話。他說沒關係。這一晚，我們很早就休息了。

Silu，下次再見！

早上六點起床，雨仍不斷，又收到 Silu 的訊號了，我對牠真是沒輒。九點之後，訊號又不見。這次，我自己往黃麻那邊去找看看。黃麻吊橋上，面向南側的上源溪谷也沒有任何訊號，我癱坐在橋上，想起畫壇老頑童劉其偉曾說：「人的一生短短一遭，要快樂活著，不要愁眉苦臉地賴在這世上。」給動物一點時間，讓牠們習慣你的追蹤；也給自己一點時間，培養一個真正田野調查工作者必備的耐心和判斷能力。

當我回到佳心營地，謝光明說，在我離開之後不久，他便收到 Silu 的訊號，而且很強。Silu 是在稜線附近活動，卻苦了稜線兩側追著跑的我們。下午一點之後，牠又不見了，我再折回黃麻溪谷一探究竟，仍無所獲。

黃昏春暉下的山巒及森林很輕柔，風情萬種；我坐在佳心步道上，望著拉庫拉庫溪溪谷及遠方的花東縱谷，考量去留的問題。在與南安遊客中心做了閉館前的最後一次通訊，四點半會有人在登山口接我們。才拔營下山走沒多久，接收器便收到 Silu 微弱的訊號。哇，原來牠還在這兒！真是有點捨不得走，留與不留的掙扎在心中迴盪了一會兒，決定不回頭了，下次上山仍有機會再碰頭的。

算一算，今天共走了二十公里，還好腳上的水泡不再令我步步難行。路上盤算著，如此走法，野外調查三年下來，可以環島幾周。能像我如此走法（包括附帶的傻勁）的有幾人呢？或許我就是那個做熊研究的適當人選。與其說是真的在「追熊」，其實不也是在尋找自己嗎？

第八章

人熊捉迷藏

有人說，做野生動物研究大部分的時間是在等待及尋找動物上，
用來形容台灣黑熊的野外調查上，最恰當不過了；
然而，如此上山又下山竟已一年有餘，
我不禁懷疑自己是怎麼走過來的。
想到未來還有兩年，說真的，我有些卻步了。

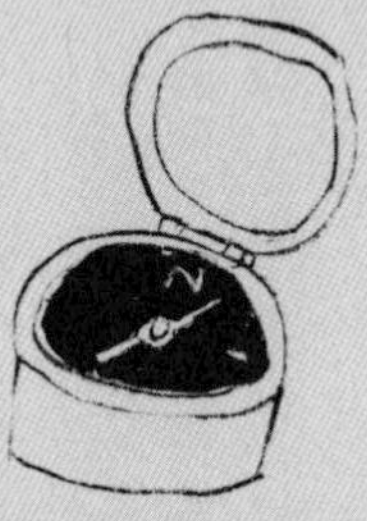

08

時間｜1999.9.9—1999.9.21
地點｜瓦拉米、阿不郎
夥伴｜吳煜慧、蔡幸君

記得在美國念書時，多次夢到台灣的山。對山，我是又愛又恨吧。台灣山區地形複雜，無線電追蹤十分困難。無線電脈波在狹窄的山谷裡，會產生折射等複雜的作用，人很容易誤判訊號方向。崎嶇的山勢，對體能更是絕對的挑戰，除非人能比用四隻腳走路的熊跑得快，不然往往是在好不容易接近到熊的所在位置之後，卻發現牠已翻到山的那一頭，無線電追蹤訊號自然就減弱或消失。至於到山的另一頭的路，可能又要花好幾小時或一兩天的腳程方可到達，或者根本就無路可循；如果鍥而不捨，追到了下個地點，熊還在不在哪裡，就得靠天意或者看熊願不願配合了。我時常因為追不著熊，而為這種地理上的先天限制生悶氣。

在美國，我和朋友可以直接開著車子、遊艇，或利用輕型飛機做例行性的無線電追蹤，就像大家在外國電影、國家地理頻道或 Discovery 看到一般。台灣地形上的先天限制，是野生動物研究的致命傷，也讓對生態研究有興趣的學生卻步，因為入門第一關便是野外求生及體能訓練。然而，從另一角度來看，或許正是因為這些地區不適合過度開發，而讓這荒野尚能保存至今。

玉山國家公園內，四千公尺海拔的變遷，孕育出來的生態與地理景觀的多樣性與氣度，涵蓋闊葉林、針闊葉混合林、至高山苔原及箭竹林等，是美國大峽谷的寬廣壯麗或非洲大草原的野性遼闊，所無法比擬的，也是非我所能盡述；只有親身經歷，才會明白它的美和感動。

只可惜，這片處女地太偏遠，除非背起大背包，穿上登山鞋，一般人實在很難看見其真實面貌、感受其性靈。這樣的困境，不意味著台灣這片後花園的生態研究不重要，相反地，因為它是台灣島的精華所在，更沒有理由置之不管；放著問題不管，不表示這也是一種解決之道。大家應該集思廣益，整合各方面的資源與資訊，發展台灣自身的深山研究模式，同時把山海風華介紹給置身在這一土地上的人。

入山三關：火車站、菜市場、登山口

九日早上，在志工煜慧的幫助下，處理完上山前的大小事，我和學妹總算趕上了她事先買好票的火車。

這次下山不到一個星期，將擱置好久的研究報告寫完，也回家一趟看看爸媽兼進補，再聯繫玉管處討論黑熊研究計畫的進度（包括捕捉黑熊許可證申請、下個月直升機飛行經費的下落、人造衛星追蹤頸圈的採購等）。台北往玉里的自強號，把我載離擁擠、吵雜、污染的大都會，六個小時車程足夠讓我近乎分崩離析的身心，得以漸趨緩和及復原。在研究室裡，該聯絡的都談了、該留的資料都交代了，其他後續的事情就管不著，好像是一種「解脫」。後來我才了解，山下生活之所以如此緊湊而忙碌，只為了不久後又要回到上山——一個幾乎與世隔絕的地方。

玉里菜市場，是我們上山前採買糧食必訪之處。每個月做一次逃難式的大採購，菜市場的歐巴桑都認識我了，總會給我打打小折扣。玉管處南安遊客中心，則是我們埋首叢林前，割捨所有物質文明與聯繫的最後一站。雖然入山心切，每每看到打包好的二、三十公斤的大背包，想到要走至少兩、三天的山路，或者要追著熊跑，勁兒就再也提不起來。此時，總不免懷疑起自己做研究的堅決程度。然而，最後還是欣然上路。

謝光明開車載我們至登山口。登山口，是心情全然轉換之處。山下的種種好及壞，就在這一步之間拋諸腦後。這是上山的好處吧！一腳從登山口前的柏油路踏入步道的泥土地，就不再回頭了。

瓦拉米山屋的存糧已不多，加上不清楚會在哪兒駐足追熊，所以三人都是重裝。煜慧背包圓鼓鼓的，她把很多東西都拿去背，志工幸君的也差不多，她倆是淡大登山社的好友。也許是因天氣熱，加上負重，路上汗如雨下，擦了又流。因距離前次上山才不久，體能狀況還沒衰敗，裝備雖重，仍走得動。

一路上除了觀察、記錄植物的結果狀況外，沿途都開著無線電追蹤器找熊。終於，在大白鯊（六．五公里處）附近聽到 Silu 的微弱訊號；但直至黃麻，牠的訊號皆不強，而且只有在少數地點才能收到訊號。因為訊號十分不穩定又弱，我推測牠仍活動於黃麻溪谷上源，所以決定繼續走到瓦拉米。此外，也希望可以找到另一隻熊 Gulu，但有預感牠可能不在那兒。無線電追蹤是十分單調乏味的工作，除了嗶嗶聲之外，什麼也沒看見。而我翻山越嶺沒為別的，只想接收到「嗶—嗶—嗶—」的訊號；縱使沒收到訊號，也是一種結果，顯示熊不在這附近，或者是正躲在某個收訊的死角裡。

此時是山枇杷的結果季節，今年看來是豐年，果子掛滿枝頭。瓦拉米前的步道上，一坨大拇指般粗的白鼻心新鮮排糞，全都是山枇杷的種子，顆顆完好。我算一算，至少有四十顆，地上的落果也有牠吃過的痕跡，和被咬扁後吐出的檳榔渣一模一樣。雖然熊也吃山枇杷，但熊是粗食者，囫圇吞棗的吃法，排糞中應該還可以見到破碎的種子，以及含有果肉碎片。

下午四點半到達瓦拉米山屋，果然沒有任何熊的訊號，至入睡前仍無動靜。晚上我們煮了一鍋稀飯，忘了洗的白蘿蔔絲讓粥很鹹，加上幸君的青椒炒豬肉，也因沒將鹽醃的肉沖水，而讓晚餐鹹上加鹹。我們都不在意，只是得拚命灌水。

沒有什麼比在重裝走了九個小時後水足飯飽，更讓人滿足的了。我們一一躺平在山屋前的廣場上。才晚上七點，星空燦爛，銀河可見；除了星星之外，螢火蟲忽隱忽現地飄過眼前，有時讓我們誤以為是飛機。山羌和黃嘴角鴞在這個沒有熊的夜晚裡，聲聲不斷。

我提醒自己：如果研究本身也是一種生活，那就應該學著享受研究生活，一如探索生命的本質是該如何賦予生命意義，而非問生命有沒有意義。

找不到熊的日子

我們把一些裝備暫時放在瓦拉米山屋，如此走來就輕快多了。沿途，我把認識的植物告訴兩個學妹。一股屍腐臭味讓我們注意到步道旁的一隻腐爛山羌，粗大的四肢骨及頭蓋骨已被咬碎，除了熊之外，應該沒有其他動物有此力道。

十點半在土多滾停機坪（十八公里處）收到 Gulu 十分微弱的訊號，指向稜線下方，但不久便消失；沒有其他五隻熊的訊號。煜慧再前往山陰（二十一公里處），我則切下稜線，仍是一無斬獲。既然追不到熊，下午我們偷得浮生半日閒，稍做輕鬆。在海拔一千五百公尺空曠的土多滾停機坪上，我們圍坐火旁，討論明天去哪兒找熊，一杯熱茶，看書、聊天、看山發呆。

面對著山，習慣性或者本能地不想做任何事，心穿梭於林間，亦隨著此起彼落的蟬鳴起舞。每棵樹都不同，每塊岩石和每座山稜亦迥異。山的美，在於有自己的本色，而人及其他萬物也該一樣。如果我們沒有開啟分寸之間的感受之門，所有的有亦若無——視若無睹，充耳不聞。或許，無須時時刻刻在腦中填塞一些東西。此時的空白或者是發呆，並非揮霍生命或浪費時間，生命本身也要有些留白的片刻，一如中國水墨畫裡的白，讓畫空間化、想像化了。在資訊掛帥的時代，大家看起來都好忙，如果把上網、打電動、看電視的一些時間拿去與自然山水對話，對人的生命品質應該助益不少。

十二日早上，我們兵分兩路。煜慧往瓦拉米，幸君和我則再下切土多滾停機坪稜線。煜慧打對講機告訴我，她發現一隻小山羌的屍體，還在附近看到三隻黃喉貂，其中一隻還在樹上。她在美托利（十六公里處）收到 Gulu 不穩定的訊號，但沒一會兒又不見了。Gulu 昨天跟今天的訊號都是驚鴻一瞥；一會兒訊號不見，我猜想牠是否又翻過稜線往十里（二二．五公里處）那邊移動了。

我與幸君切下稜線，稜線上散落著幾間只剩地基的石板屋，小樹枝上的砍痕可看出近些年來仍有人進出此處。在一個石壁下，我看到一條展開的套脖子鋼索陷阱，不顯眼地擺在山羌或山羊的獸徑上，不知被獵人遺棄多久了，對動物仍具有殺傷力。我拿了一根樹枝，把陷阱彈起來。傳統的狩獵風俗是在結束狩獵季後，把所有的陷阱都收起來，不得暴殄天物；現在，少數的獵人乾脆就讓陷阱擱在野地，任捉到的動物掙扎至死、腐敗見骨。

地上的松針厚厚地鋪了一層，常可見動物坐臥其上的痕跡；山羊之外，其他動物的排糞少見。殼斗科的植物雖多，但未見熊出沒的痕跡。窄稜最後引我們到凸出於懸崖的大石邊，人可站於二葉松樹上，鳥瞰拉庫拉庫溪谷；我們逗留一會兒，仍沒有收到任何訊號。

傍晚，西邊出現難得一見的火燒天，滿空通紅；大哥曾告訴我，這表示要變天了。我們在停機坪再收到 Gulu 的微弱訊號；三小時之後，牠的訊號又消失了。我帶著接收器往下坡走一小段路，步道上幾乎布滿了紅棕色的大馬陸，幾乎每一步就可踩到一隻。

今天，林大哥及其他四名志工將與我們在土多滾會面，他們要前往大分探勘並架設下個月將啟用的陷阱。第一次，黑熊研究小組的野外工作成員如此眾多，總共八人；有趣的是，不管大家對熊的經驗或喜好多寡，個個都身懷絕技，專長不一（電腦、美術、觀光遊憩等），我們總能從彼此身上學習不少東西。

果然，晚上睡覺時起風，開始下大雨。

初秋的九月十三日，依然五點半就天亮。我見沒人起床，趕緊鑽出睡袋，升火煮飯，好讓大哥他們帶便當。今天打算走到新崗或新康，如果工作進度落後，就得延至二十三日才下山。

煜慧再一次先前往美托利偵測 Gulu，我與幸君打包並收拾營地。如果煜慧沒有好消息，我們便到更遠的十里看看。不知為何，背包變重了，大家都一樣。她們兩人很細心地幫忙我，不用我太多話即主動協助彼此，這種很感動、很窩心的感覺很久沒有了。

雨下著，慢慢走到十里，發現 Gulu 的訊號指向上方稜線。好高興，這是幾天來訊號最清晰的一天。雨勢轉大，我們一抵十里駐在所，便趕緊將雨布搭起來、撿木柴。躲在一張近五公尺見方的雨布下，對三個可以靠在一起的女生而言，算是夠大了。雨剛好提供我們所需的水源，所以不用出去取水。駐在所地面布滿松針，平坦又舒服，但我們時而被煙燻得淚流滿面，卻無處可躲。還是和女生在一起，我比較自在、沒拘束。

營紮好後，便開始監測 Gulu 的活動模式。整個下午牠的訊號一直很弱，斷斷續續的，我擔心會隨時不見，懷疑牠可能在稜線上某死角處。喝了一杯熱咖啡之後，我便一人前往石洞（二十四公里處），看看那兒是否能收到比較清晰的訊號。運氣好的話，還可以三角定位，知道牠的位置。然而，沿途除了螞蝗之外，什麼也沒有。在我折回到十里後，她們告訴我，陸續收到 Gulu 的訊號，只是訊號不佳。

傍晚雨勢稍小。到了六點半，Gulu 的訊號又不見了，我擔心牠躲起來休息，這會讓我們的二十四小時活動模式的監聽任務功虧一簣；所幸，牠的訊號後來竟然轉強，方位指出牠有往山下移的趨勢。Thank God！

夜晚雨勢忽大忽小，風勢轉弱，山羌及飛鼠的叫聲卻多，好像還有別的動物叫聲從很遠之處傳過來。溪水聲蓋過駐在所下方大崩壁的落石聲。睡覺時，我竟擔心起現在的紮營地會不會塌掉。我們排班進行二十四小時活動模式監測，煜慧是至晚上十點三十分，接著幸君至清晨三點三十分，我接早班。等待天明之時，在中英文混雜的札記裡寫下：「The meaning of my dissertation is not only the science thing, but also the way of improving who I am, including the ways of doing and seeing things. This is the way given by God to learn "wisdom", including the understanding of my existence as a human being.」

兩面包夾

十四日，六點半的星鴉叫把學妹吵醒了。昨晚她們沒睡多少，今早也沒賴床。太陽只秀了一下，接著又下起雨來。早上九點，Gulu 訊號消失。煜慧前往石洞偵測，但沒發現。

有時，等待是最好的辦法，動物隨時會再出現，有時卻非如此。吃完幸君煮的拉麵中餐後，我決定自行前往土多滾停機坪一探究竟，煜慧和幸君留守十里，做東、西兩面包夾的戰略。Gulu 大致上活動於南北向的綠山稜北附近，就算熊翻山，也都在我們的偵測範圍內。由於擔心對講機通訊不良，道別前，先交代了學妹一大堆後續因應之道。

我抵達了停機坪，對講機通訊沒問題。煜慧告知下午兩點半又收到 Gulu 的訊號，此時我在停機坪亦可收到，但不穩定。此外，還一度意外收到 Silu 的訊號，牠可能在佳心稜線至黃麻溪上游溪谷活動。Gulu 行蹤很詭異，一直停留在稜線附近或是某個不知名的死角，訊號弱又不連續，考驗著我們的耐力及變通能力。

下午四點，我與煜慧做同時三角定位。兩個方位角相交於地圖上稜線附近，證明我的判斷沒錯。後來，我再也無法收到訊號，愛莫能助之餘，苦了煜慧及幸君，她倆繼續熊活動模式的監測，我一人待在停機坪。

天氣一直陰陰的、霧濛濛的。入夜後，為了趕小黑蚊，我很快地升一堆火，索性趁火煮了泡麵。坐在空曠而雲霧飄渺的停機坪上，一個人慢慢吃，不久又下起雨來。

天冷，鑽入睡袋裡，卻不支倒地睡著，直到被對講機的聲音驚醒，在十里的煜慧說 Gulu 不見了。套上溼冷沉重的登山鞋和風衣，鑽出雨布外，我也找不著！看來，今晚大夥兒可以補充睡眠。我鑽入睡袋，趕寫日誌。

十五日這天，我獨自在收不到熊訊號的停機坪上，等訊號出現；煜慧及幸君則在十里繼續監測熊的活動模式。追不到熊時，為沒有資料而苦惱；卻有了時間可以看書、寫東西、想過去和未來，以及計畫如何因應現在的狀況。在山下時，總是忙得一團亂，一堆電話得打、一堆事情要張羅……其實還不是為了上山嗎？提醒自己別再抱怨了。

十六日大清早，我便拔營從停機坪返回十里與夥伴會合。一隻長鬃山羊站在步道下方約五公尺處，一動也不動地打量著我，牠必定是早就發現我了。牠的毛色灰暗無光澤，體型碩大，可能是隻老山羊。我們對峙了好久，最後還是我服輸先動了。

事情多半不照牌理出牌，我只能隨機應變。如同我從停機坪趕到十里，已大致擬好接下來幾天的行程，熊卻讓我們疲於奔命；就在我要讓學妹打包，放棄十里的追蹤時，牠的訊號卻愈來愈強，看來是切下稜線了。這樣就沒有離去的道理，只好麻煩煜慧及幸君再走一趟，看看可否三角定位。我則接手收活動模式的資料、找找薪柴。今天，大概還得在十里留一夜了。

雨仍下著，印象中的十里營地，總是有雨。那樣的紮營好像不是那麼令人賞心悅目，但就是因為有雨，所以沒有取水的困難，也算很好的禮遇。昨天與南安以手機通話，得知東部受颱風外圍環流影響會有雨，心裡便有了些顧忌；但山上的實際情況，不就是如此嗎？

我們把僅存的最後三根香腸拿出來烤，它比鮮肉容易保存，味道也好，就是貴了點。熱騰騰的紅糖薑湯是我們在山上驅寒補氣的最愛，有時就直接拿紅糖混水喝。第一次帶上山的日本名牌新套鍋，是偉盟公司贊助的，原本亮晶晶的不銹鋼光鮮外表，因柴煙燻烤而一片漆黑。一星期沒照鏡子的我們，此時的狼狽，可能和鍋子差不多。

晚上，一陣大雨後再放晴，隱約可見星空，Gulu 並沒有消失。

凌晨兩點十五分，幸君緊張地把我喊醒，她說一點之後她不小心睡著了，幾筆活動資料沒收到。我鑽出睡袋，感謝她沒有在預定的午夜把我叫起來輪班，願意在這溼冷的夜裡熬夜聽著這嗶嗶聲。我把電子錶設定三十分鐘自動巡迴鬧鈴，放在耳朵旁，繼續睡覺，鬧鈴會把半睡半醒的我挖出來，聽嗶嗶聲。

台灣黑熊晝夜皆會活動，然而動物的活動模式常受日光週期、氣候、季節、食物豐富度、棲息地、生殖活動、人為活動等不同因子影響，反映出動物能量投資的方式。Gulu九月的活動模式與七、八月相似，白天活動，夜間休息；活動的高峰出現於上午六至八點，以及下午四至五點，在中午左右則是牠白天活動的低峰期。入夜之後，時常因為無線電訊號不佳，而使監測的工作無法進行；可能是動物在隱蔽之處休息，或是休息時因為趴在地上而影響訊號的接收。所以，我們雖已密集追蹤牠一個星期，但實際上只收集到兩天的完整二十四小時活動模式而已，全天活動的百分比例分別是七十（十三日）、五十四（十六日）。

為了無線電追蹤三角定位能定出 Gulu 所在位置，我打算走到新康（二十九公里處）；煜慧及幸君留守十里，繼續監測 Gulu 的訊號。我的小背包塞得飽鼓鼓的：接收器、山刀、雨衣、睡袋、一天糧食（全部是餅乾）。

我在石洞駐在所過後的溪谷收到牠的訊號，於是聯絡煜慧，做同步三角定位。但是，測出的兩個方位角在地圖上卻無法交會出合理的動物所在位置，再重試一次定位，仍是一樣的結果。牠的訊號極不穩定，加上該區地形複雜，讓無線電追蹤定位失利。

走出小山谷後到新崗（二十七公里處）的路上，我再也收不到牠的訊號。到新崗已近中午，心想若明天由新康折回十里，再下瓦拉米，可能會吃不消，所以走到新崗為止。在折回營地途中的二十五公里處，與煜慧做了另一回的同時三角定位。這是我們此番入山來收到的第二筆有效的定位資料。晚上仍是下了點雨，不過我們三人可以一起同時入睡，用不著聽嗶嗶聲了。

五星級山屋

一大早起床，可能因為太早了，接收器沒有收到 Gulu 的訊號，也許牠還沒起床。稍晚，訊號還是出現了，但我們已決定拔營。這是研究小組在十里駐在所停留最久的一回，總共五個晚上。

抵山陰之後，爬上早已物色好的土肉桂，果子肥碩但結不多，不少已被其他動物捷足先登吃掉或掉落了。我在樹上採了老半天，卻採不到一百五十公克。再走到前頭的小支稜，發現小小一棵土肉桂樹，長滿了果子，不久我們便秤到需要的量。採集這些黑熊會吃的果子，帶下山後，實驗室的養分分析就可以得知各種食物的營養含量了。

山枇杷的果子長得雖多，我們卻採不到幾顆，熟的都被動物吃掉了，很多都還沒熟透，所以湊了一些半生熟的果子。樹幹上還留著一大坨白鼻心的排糞。至於台灣蘋果，我只知道這附近一棵長在步道旁的芒草叢裡，可能有動物穿梭其下，人要鑽入還可以，樹卻不好爬。還好我的爬樹功不錯，都是小時候訓練出來的，一下子就爬到樹上。果子結了好多，果皮紅潤，看來十分可口，我咬了一口，酸澀十足，即刻吐出。有兩、三隻胡蜂繞著我飛，讓我不敢在樹上逗留太久；還好果大，不需整顆就能滿足我所需了。

下午兩點半，剛抵瓦拉米山屋沒多久，就下起雨來。今天是星期六，沒看到登山客，可能和氣象報告天氣不好有關。幸君及煜慧在山屋後面洗了個冷水澡，我則不敢恭維。

晚餐一如往常交給學妹們處理，我記錄標本及整理器材。今天沿路也採了一些常見而不知名的植物，我得在中海拔的植物鑑定上多下點功夫，才不枉在山上花這麼多時間。

我們決定明天要上大里仙山稜線找黃麻溪上源的 Silu，所以得打包要背上山的行李及要藏放在步道的，有些東西還是要留在瓦拉米。食物幾乎全帶走，全部都是泡麵，餅乾只剩兩條。當我將接下來要撐兩夜三天的食物，一餐餐地排開擺在床鋪上時，忍不住笑出來，兩位學妹也跟著苦笑。實在沒把握這些食物能撐三天，讓大家都吃飽。然而，我們找熊的企圖心很強，決定上山一試這條新路線，預計三天行程，但亦視情況變通而不勉強。

晚餐煮好後，趁著火未熄，滷了一鍋魚乾、高麗菜乾及豆輪，明早可吃；一大鍋酸梅汁則讓大家晚上補補元氣。這趟上山，每天鞋子和襪子都是溼的，腳掌都起疹子了，灑上痱子粉，乾爽清香，隔天就好多了；還好我總維持有一套乾衣服備用，讓我回到營地後可以換上。

晚上，雨停了。有電，有水，有床，沒有小黑蚊，沒有螞蝗，也不會漏水……，是山中的五星級享受。實在太舒服，札記還沒寫完就睡著了。

出征大里仙山尋熊

十九日清晨五點三十分，鬧鈴一響，沒任何遲疑便起身生火煮飯，這是僅有的米了，還是別人留在山屋的。吃飽後，我們包飯團當中餐，但裡頭只有一丁點罐頭肉醬而已，我們真的沒什麼好糧食了！

我很沮喪，心想乾脆下山算了，加上好像從未減輕的負重，胸前一小包，背後一大包，駝著背猛走，不想多說話。煜慧大概看出來了，問我怎麼了。對於研究，我不肯輕易罷手，但是每每看著夥伴跟著我受苦，我左右為難又愛莫能助。

在黃麻營地附近，Silu 的訊號指向南側的黃麻溪谷上游，呈活動狀態。我們要從喀西帕南紀念碑上切，所以把一些東西藏在附近的石縫裡。煜慧一馬當先開路，手持地圖，頸掛指南針，不斷捉方向。GPS 在這密林裡一點也派不上用場，無法提供我們所在的經緯度座標。闊葉林底層，蕨類植物和闊葉樓梯草生長茂密，高度及膝，行走不易，卻是動物喜好的匿避場所。我們好幾次聽到山羊及山羌的叫聲。

漸上稜線（海拔一千三百公尺）之後，底層植被轉稀，地勢也較平坦，獸徑及動物痕跡多。鳥鳴婉囀，卻不見鳥影。我們已經切上主稜了，卻仍測不到 Silu 的訊號。在海拔約一千五百公尺之後，稜脊漸行狹窄，出現了杜鵑灌叢，地面因杜鵑的發達根系及附生的苔蘚而十分柔軟具彈性，向彈簧床一般，水鹿的排糞經常可見。在某三角點附近，高度約一千七百公尺，因為天氣好，可見到對岸的稜線，但仍測不到 Gulu 和 Silu。此處稜窄，無可紮營之所，遂折回下坡找合適地點紮營。

近四點，雨漸大，我們清出一塊地紮營，等到架好雨布，雨也停了。

這兒十分潮濕，沒有完全乾的木頭，卻有外頭蛀了或爛掉的實心硬柴。煜慧花好大力氣生火，免得小黑蚊肆虐；幸君煮泡麵，二姐送給我的鴨賞排算是加菜，油很多，正合我們所需。這幾天下來，我也才發現幸君雖看起來有些不拘小節及隨便，但她做事有女生特有的細心及認真，與給人的第一印象十分不同。兩位學妹竟成了與我一起進行黑熊野外調查的唯二女生。

晚上營地聞羌、飛鼠叫聲多，三種不同的鴞叫聲，我只認得黃嘴角鴞。我邊寫日誌邊維持火力。這是十分耗體力的一天……學妹開路更累，早已呼呼入夢。Thanks, you guys.

放棄登頂

二十日早上起床，天空十分陰沉。灰濛濛的天氣，終於把我要上大里仙山（海拔二〇四三公尺）的信心擊垮。昨晚計畫今早七點要輕裝上山頭探路，十點趕回營地，然後下山回家。然而，我擔心下雨，狀況不佳會把大家累垮；她們已跟著我十天了，雖說我若要上去，她們會跟隨……。另一方面，我卻暗自為自己的變卦而懊惱，憂心學妹們會怎麼想這個多變的學姐。食物雖差但足夠，然而在稜線最大的問題便是缺水了。目前除了每個人有一公升之外，還有四公升的水，差不多只夠我們用一天而已。儘管期待下雨取水，卻不願在雨中泥濘前行。我們都快發霉了！

學妹欣然同意我拔營下山的建議。

因為寬稜，正確地捉準要切下的稜線非易事。幸君走前頭，我墊後，煜慧會適時地提出意見該怎麼走。我靜靜地走在後頭，相信她們OK。一手地圖，一手指北針，走走、停停、看看、想想。後來我看她倆有些困惑，決定走前頭。林大哥走路，多挑好走的；學妹們則一如我，以捉對方向為前提，前頭即使滿是荊棘或蔓草，我們仍穿梭而過。九點果真開始下起雨來，沒人要停下來穿雨衣。稜線捉對之後，便由煜慧走前頭，我不希望讓她們以為我好強，而她們不行。

煜慧尖叫一聲：「水鹿！」這一叫水鹿驚慌而逃，而走後頭的我，當然什麼也沒見著。我趁機告訴她，下次看到動物要安靜不動，作勢提醒後面的人，這樣一則不會嚇走動物，二則大家都可分享那份不期而遇的驚喜。置身茂密的底層植被裡，我們時而循著獸徑鑽，時而被困得動彈不得，好像在一片綠色汪洋中游泳。就當我正準備接手走在前頭開路時，三公尺下方的步道出現眼前，我們歡呼，有如逃出重圍般的歡喜。

有人說，做野生動物研究大部分的時間是在等待及尋找動物上，用來形容台灣黑熊的野外調查上，最恰當不過了；不過，還要加上「爬山涉水、不停地走」。然而，這樣的走路，本身就令我著迷，我喜歡這種「親身實踐」的感覺，雖然看似有幾分自虐的成分。大部分的時間回歸到最簡單的思維模式，如何走路、擦汗、尋找熊的痕跡。這走路的過程，也許是緩衝我跳入山下另類生活及壓力的最佳方式。然而，如此上山又下山，竟已一年有餘了，不禁懷疑自己是怎麼走過來的。想到未來還有兩年，說真的，我有些卻步了。

下午兩點二十分抵登山口，南安遊客中心的阿諾開垃圾車來接我們回到文明世界裡。

回到師大的研究室已是晚上十點半。處理 email 時，強震把我嚇得衝出走廊。凌晨一點四十七分，震撼台灣的九二一大地震。很慶幸已在人群裡，無庸掛心親友為我的安危操心。

第九章

盼熊的日子

一個人並不感到孤單，反覺得幸福。
如此這般地做研究，有吃有穿，
有器材，又沒電話、媒體報導干擾，
心靈任由自己洗滌淨化，我覺得很足夠了。
在等待的過程，我希望看見自己的耐心與定力。

游雯珍　繪

09

時間｜1999.11.25—2000.1.18
地點｜大分、以西路
夥伴｜林淵源、吳煜慧、林政翰

直升機從南安的臨時停機坪起飛，沿著拉庫拉庫溪谷飛行，爬升之後便於山稜上方低空飛行。我們宛如從樹梢飄過般，如果將手伸出機艙外，說不定還可以搆到樹葉呢！映入眼簾的這一片蓊鬱綠海，是台灣幾乎快消失殆盡的低海拔闊葉森林。平日所經的棧道、吊橋、瓦拉米山屋，此時從空中鳥瞰，渺小如火柴盒玩具一般。在土多滾之後，進入新康、多美麗，兩側是斷崖及峽谷，我甚至擔心飛機會一不小心擦撞到逼近的山壁。

台灣中低海拔的森林，終年常綠。十一月的山區，雖然沒有北美那樣令人暈眩的楓紅，但在一些變葉樹的星羅棋布點綴下，仍顯花花綠綠秋意十足。我在飛機內打開追蹤器順便做高空無線電追蹤，並沒有收到任何一年前捕捉繫放黑熊的訊號。有可能是因為無線電追蹤接收器受到機艙內機械及電波的干擾，收訊不良。

二十分鐘之後，直升機把我們載入另一個世界。這趟入山不便宜。加上上個月的裝備補給——為了這次第二年大分黑熊捕捉季——直升機運補兩個捕熊鐵筒和二、三個月的糧食，在航空公司的優惠下，仍然花費近十萬元，已經超出研究經費上限。我是鐵了心，因為大分是目前可以掌握的捕捉地點，如果錯過，一年之後是好是壞又難預料。

六月，在瓦拉米及土多滾一帶設陷埋伏一個月，卻因黑熊夏天食物來源之一的楠籽結果量極差，捕捉一無所獲，這回只能把握時機盡力而為。我告訴自己，該花的錢就是投資，不要放在心上；不夠的錢，到時再想辦法。除了玉管處的林大哥之外，兩名志工（政翰和煜慧）都抱著和我同進退的心態，願意在山上待兩個月；但我沒把握我們是否能熬那麼久。

有備耐心而來

上個月的探勘已經證實，今年大分地區的青剛櫟結果量不到去年十分之一。殼斗科植物的結果量有豐、欠年的週期，今年差的原因也許是去年結果太好的緣故。成群的綠鳩、橿鳥仍是回來了，但沒有去年那麼龐大的隊伍。

至於熊，在大分只收到Silu微弱的無線電追蹤訊號，我估計牠可能活動於西南方一帶，其他五隻都不知去向，沒有回到大分來。去年的今天，我們已經捕捉繫放五隻黑熊了，然而，此刻的林子裡卻無熊的影子，青剛櫟的堅果已經開始掉落。由於天然食物量銳減，回大分覓食的熊數量可能也有限。如果有熊仍會季節性地來此處晃一晃，也應該不會滯留太久。所以，我抱著「不來則已，一來便要擒住」的心態，虎視眈眈地等待著。如果我們可以捉到二、三隻熊，那就很理想。有了長期抗戰的心理準備，這回山居歲月應該更加從容。

上山一星期後，一切大致都上了軌道，二十個陷阱也設好了。我們白天分組出去設置或巡視陷阱，下午回營地後，則整理營地、找薪柴、闢苗圃。研究站後側的焦黑土地，一有空便有人拿起鋤頭鬆土、挑石頭、剷草根；只不過前人留下來的老鋤頭，鋤和柄老是分家，得停下來把它們再裝回去，而我左手也起了大水泡。然而，看著自己犁過的地，撒的種子冒芽、生葉，是件充滿期待的事，這田野之樂豐富了我們等待的山居歲月。我沒把握可以吃到多少菜，因為不知這一待會留多久，也許最後會回饋這兒的山羌。

在大家的分工下，湯及菜通常在天未黑之前就張羅好了。熱騰騰的飯菜，讓人忘了一天的疲憊。我們圍坐小桌，在一盞晦暗的燭光或營燈下吃飯、喝湯、小酌，聊聊個人一天的新發現、原住民文化、打獵、天氣、動物、登山野營。政翰和煜慧是好朋友，淡大登山社老鳥，登山經驗豐富，只要聊起過去共同的出隊攀登，就可以扯出一連串的故事和笑話。大哥聊以前老人家的笑話和打獵的事，包括兩個親家在火車廂上競相搶打窗外小鳥，嚇走一廂乘客；酒醉亂性的老公，睡垮了芒草桿鋪的床；用小米莖桿綁住醉漢生殖器的老翁……。

談起過去，大哥總是快樂的，很少聽他談起「不愉快」的事。當兵、當測量員、當嚮導帶隊、原住民文化舞蹈表演及展示等等，快樂總是瀰漫其間，他也樂於把快樂分享給別人。我喜歡這份天真與慷慨。他是懂得生活的人，不談人生大道理，只是守本分地安貧樂道生活。

二十九日這天，Silu 的訊號還是如此遙不可測。陷阱因為剛設不久，應該還不會有狀況發生，所以決定請政翰和煜慧去追 Silu，看牠到底在哪一帶活動。大哥的腳痠疼，卻是放心不下他倆，所以還是由大哥帶著隊，好讓大家都安心；他同時也可以探勘大分外圍的地區。

帶上山來的感冒，沒有在山明水秀的調養下轉好，咳嗽並無轉好的跡象。我只好留守營地及巡視陷阱，希望多一點空檔，讓元氣趕快恢復。

我背著小背包（內裝餌肉二塊、米小包、蜂蜜一罐、氣味劑、水、乾糧），輕裝出發巡陷阱。爬上坡時，順便檢查水源處的西瓜管。事實上，一年下來，我們已用各種膠布、紅色塑膠繩、芒草束來補被老鼠咬破的洞，西瓜管仍是漏東漏西，但馬馬虎虎可充當水管導水。

爬上稜線之後，一群猴子一哄而散，只留下一地的青剛櫟殼。可見樹冠上真有長果子，只是我看不到而已。山羌也在地上搜索掉落的果子，牠們通常只輕輕地翻鬆表土，不像山豬大片拱地。山豬十足是個高超的翻土機，但我懷疑牠們真正吃了多少東西。林中的鳥比上次來時還多，多是山雀科的小鳥混成一大群，青背山雀、冠羽畫眉、繡眼畫眉、山紅頭，嘰嘰喳喳很熱鬧；也聽到綠鳩和橿鳥的聲音，但沒有去年喧鬧。陷阱都沒動靜，放在陷阱外頭的小誘餌都被吃光了。不是熊，是小型食肉類動物吃的。

十二月一日，回營地早了，看書、寫紀錄。想記錄一些東西，所有的故事都不會重來。

科學以外的生命體驗

一個人並不感到孤單，反覺得幸福。如此這般地做研究，有吃有穿，有器材，又沒電話、媒體報導干擾，心靈任由自己洗滌淨化，我覺得很足夠了。在等待的過程，我希望看見自己的耐心與定力。還有一個月的時間，就跨向另一個世紀，有這樣一個機會，我得以在山上清靜地觀照自己，在三十歲之前，學著做個三十而立的人。

每每想到在山上有個如此「不凡」的家，幸福滿足之情總是油然而起。沒有王穎老師及玉山國家公園的支持和合作，不會有第二年計畫，也不會有最新科技（人造衛星追蹤器）的應用和人力的支援；沒有林大哥，不會有安全感十足的叢林經驗；沒有古道熱腸的志工，沒有一些師長朋友（李玲玲、祈偉廉、陳翠霞等）的背後鼓勵，不會有愈挫愈勇的戰士精神；沒有Dave（我的美國指導教授）的有求必應及專業要求，研究之路不會如此踏實。當然還有我的家人、朋友，沒有他們忍受我的自私自利，我沒有轉圜的空間及改錯從善的機會。看來，我是在寫謝誌了。心懷感激的人是幸福的，至少這一份感激讓我覺得內心平安。

這幾天的一個人行動，讓我想起喬治．夏勒（George Schaller，《最後的貓熊》一書作者）。夏勒目前可能還在西藏；橫渡四海、著作等身的他，面對異地他鄉的艱難研究，所需的勇氣與執著，必是我等庸俗之輩望塵莫及的。我不認識他，卻不知從何時開始，他成了我做研究的典範。因此，我感謝「挑戰」，也就是惡劣的研究環境，以及當個先鋒者所必須承受的種種困難，因為「時窮節乃見」，而我也相信天助「自助者」。如果最後仍是面臨困境，那也是鍛鍊一個人心性的時候，犯不著怨天尤人。況且，研究進行至今一年半，最難熬的關頭都走過來了，至於這三年，研究能做出啥成果呢？這是開先鋒的工作，倒可不必寄予厚望。

在台灣山區做研究，從某種程度上來說，必須與社會「隔離」，沒有電話、電力……。與其說不便，不如說是「放逐」自然，隔絕「污染」。我們都有太多養成的習慣和依賴，忘了人的本領與能耐：可以行走攀爬，可以製造工具，可以看天氣，可以找野菜，可以升火煮飯。在這裡，除了研究器材外，我們有的物質享受是去漬油（用來點營燈及炊具）、一台收訊不良且打了才會叫的收音機、一桶緊急情況才使用的瓦斯。當然不是說我們要放棄文明回歸原始，過單純無欲的生活，重點的是我們無需被物質控制人的思考或心性。

當然，我知道這是開先鋒的研究，也沒有真正像樣的研究站，但我已經不抱怨，反而甘之如飴，因為這種日子不是天天有。我不要發電機、不需要電腦，也用不著人造衛星大哥大，更不需要烏龍新聞及休閒娛樂的電視節目。

這兒的生活，就是一本活生生的字典，上至天文下至地理，都涵蓋其中。也許是獨處時間太多，除了研究，我還醉心於發掘「我為何人」。我只有一本紀錄本，除了記錄零星的研究數據之外，主要是不能刊登於學報雜誌上的生活點滴。野外札記是我個人的啟發與思想過程，雖難登大雅之堂，卻是影響一輩子的事，這也是在追求真理（如果科學資料算的話）的路上，智慧的累積、個人修為的磨練，這對我而言，更甚於那些科學數字。

探勘以西路

炕上一鍋紅豆、一鍋筍絲豬肉，只希望他們今天下午回來能有些好東西吃。

夥伴們在我忙著煮飯、切菜時回來了，大約四點半吧。因為走了一段時程的路，頭髮都溼了，看起來很累。我加快手腳，天還沒暗，三菜一湯便端上桌。大哥興奮地告訴我，他往以西路稜線走，那兒有很多狹葉櫟，熊爪痕及折斷的樹枝很多，他還三次聽到樹枝被折斷的聲音，但唯恐驚擾熊，即不敢再前進。他帶回七個熊排糞給我當禮物，於是，我知道下一個要去找熊的地點了。煜慧和政翰兩人合力輪班收集了兩天的二十四小時活動模式，資料顯示 Silu 的活動十分旺盛，二天的全日活動百分比分別是八十三及六十五，較其他季節高，晝夜都活動。

十天之後，大分仍沒有熊的影子。我和大哥都深信，熊應該會回來，那是早晚的問題。我們可以等，但仍難掩內心不時冒出的矛盾。以去年的大分經驗來看，當一個地方食物充足時，熊是「賴」在那裡，大快朵頤，直到食物耗盡，否則牠們是不會離開此「餐廳」而另謀他家。如果熊真沒來大分，牠們會跑到哪個地方去呢？死守一個沒有熊的地方，是明智還是痴？我在猶豫是否要將鐵籠迢迢地搬到有熊的地方，以達出奇致勝之功效？

十二月五日，我和大哥決定走一趟以西路探勘。早上出發前，我們拿出我和煜慧花了兩、三天縫好的新隊旗亮相，去年的那個垃圾袋隊旗早已成分解成碎片。這回，我特地買了一塊黑布上山，正中間縫上一米黃色的Ｖ字，代表台灣黑熊，並在下方縫上「玉山」兩個大字。旗子象徵著團隊與使命感，是我想提醒自己及透露給夥伴的訊息。

賽珂駐在所位於大分南側約四公里，由於橋已斷，得溯河二次。幾天陰雨不斷，水高過膝，我們捲起褲管，鞋沒脫就下水了，一入水便打了個寒顫。十二月的水冰涼澈骨，河寬雖只五、六公尺而已，上岸後，一雙腳幾乎動彈不得，褲子當然也是溼及內褲。再切上古道之後，發現這兒的青剛櫟林結果狀況也是乏善可陳。

賽珂最吸引人的據點，是建於駐在所的一間石板屋，它的外型結構還維持著，屋頂上的石板直徑多超過一公尺以上，不知以前的人是去哪裡搬來的，因為在這一帶很少看到石板。屋簷下一條鐵絲掛著一串約有近百副的水鹿、山豬、山羊的下顎骨，訴說著過去屋主的輝煌獵績。

以西路位於賽珂對岸，所以我們得再切下溪谷溯河，再切上稜線。在河邊，我們看到土肉桂及山枇杷樹幹上的熊爪痕，可能是去年留下的。大哥說，這上切的路，原來是以前祖先走的路，荒廢數十年，如今了無痕跡。大哥走在前頭開路，我在後頭有時候也是得用鑽的才通得過。水鹿在這片長滿赤楊的崩塌地十分活躍，路徑縱橫交錯，我們後來乾脆就循其路徑而上，反而容易多了。

這支稜地形寬廣，也是一般部落遺址坐落之處。部落的石板屋約有數十戶，此時都已被優勢植物二葉松、山胡桃、狹葉櫟、越橘、芒草隱沒。山枇杷的基部樹皮，都被水鹿啃掉了。被環狀剝皮後的樹怎能還活著？幾棵大狹葉櫟樹幹上，都有新的熊爪痕，地上還有不少落果。

正當我蹲在地上做記錄時，大哥忽然喊：「美秀，你看，熊窩！」把我嚇了一大跳，跌坐地上。我跑向他，被眼前的所見楞住，方知不虛此行。

相隔不到五公尺的兩個偌大鳥巢（其實是熊窩），排列在懸崖邊的芒草叢上。熊將芒草向巢心彎折，還刻意扭轉纏繞以固定巢緣。較大的一個，整個巢外徑約一百二十公分，巢深四十公分，朝底已有一層壓平的芒草墊底；另一個巢則較小，巢外徑約八十公分，巢深三十公分，巢底便是乾枯的芒草斷枝，坐在上頭想必很刺股。兩巢新舊程度相似，雖然芒草已乾枯，但由於巢上並沒有什麼落葉，新的芒草芽也還沒冒出來，想必也是這一、兩個月之內築的。不知道這一大一小的巢，是否是一大一小的熊做的，或者都是由同一隻熊做？

熊巢的位子十分奇特。後來，我才發現熊巢通常築在懸崖或稜線等地形險要之處。這熊窩的視野很好，鳥瞰整個庫庫斯溪溪谷，西側是賽珂，北側是大分；由此再往外跨一步，便墜下我們剛溯河的溪谷底，起碼有一百公尺以上的落差，但另一側則是坡度小於十度的平緩窄稜。

大哥提起往事：「我爸爸說，熊會趴在巢裡，埋伏獵物。這不是用來睡覺的。」然而，世界上真正有這種似大鳥巢的熊巢的報告還是頭一遭（我日後才聽到南韓的研究者提起，他們的黑熊也有折箭竹做窩的行為）。蘇俄的亞洲黑熊趴臥在地上休息時，會順手扒近一些落葉，據說是有保暖之效；中國四川的黑熊，則有將樹枝堆成堆的紀錄。除了人之外，熊沒有天敵，又居無定所，熊巢的功能真是個謎。

由於這兒多峭壁，我們只得從稜線再切下溪谷，渡水再到對岸。一隻黝黑的大公豬正低頭在水窪喝水，牠看到我們之後，慢條斯理地往坡上爬，腳步輕盈。我們出聲嚇牠，亦為牠加油。隨後，便聽到幾聲水鹿尖銳的長鳴；牠沒有角，亦往坡上爬，我們跟在牠後頭，牠的身影在芒草林中忽隱忽現，翹起的黑褐色尾巴，像一撮蓬鬆的馬尾晃來晃去。

好不容易爬上窄稜之後，我們終於把雨布搭在一處部落遺址附近。大哥到附近找生火的木頭。我們之間無需太多對話，彼此知道自己及對方的任務。我沒有收到 Silu 的訊號，卻收到 Dalum 的微弱訊號，依然是每分鐘四十六響（死亡訊號），這表示動物的發報器已經一星期以上沒有移動了，我無法得知是發報器脫落或是 Dalum 已經喪生。此處我也可以收到放在離此六公里遠之處、用來測試無線電追蹤效果的發報器訊號。GPS 告訴我，目前所在的方位座標（以西路 E25857，2583.02N）。

五點後，天色轉暗，開始飄起霧雨。大哥搬來三塊大石頭，生火煮飯；之前，他已花了十幾分鐘在臉盆（鍋具）裡掏米蟲。風向後來一轉，把煙往人的方向吹，我們被燻出雨布下，在外頭淋雨，還好雨不大。後來，睡袋及人身上都附上一層灰燼，像初雪般。我們相視大笑。

熊的運動場

第二天（十二月六日），大哥領我到上回他看到很多黑熊折枝的地點。我們輕裝通過部落遺址，這地區沒有青剛櫟，取而代之的是高大的狹葉櫟，可達十公尺以上。狹葉櫟的分布較分散，今年結果狀況很好，剛好與青剛櫟相反。

我們沿著窄稜而上，大哥不時砍路，約一小時後，到了一處平坦而寬廣的地方——即大哥所說的「熊的運動場」，其實這一小塊寬稜三十公尺見方不到。一隻山羌由枯紅檜樹根洞裡衝出，仍不忘吠叫幾大聲，中氣十足。

一棵大扁柏的樹幹上，佈滿熊爪痕，但樹上卻沒折枝；大哥說，這是小熊練習爬樹用的。天曉得！排糞及爪痕都有大、小的區別，應該曾有大熊及小熊，可能是母子，當然也不排除有不同的熊先後或同時造訪此處的可能。畢竟，幾隻熊集合在一個食物豐盛的地方覓食，在美洲黑熊或棕熊也是有的事。我揣想，Silu是否也曾來過這個地方。除非把新鮮排遺拿去做ＤＮＡ檢驗，識別個體，不然無法得知答案。

我和大哥地毯式地尋找熊排糞，把它們一個個裝入封口袋內。排遺新舊程度不一，新鮮的橄欖綠顯示可能是這一兩天才排的；有的排遺裡面已有一公分長的蛆，應該有半個月以上的時間了。好幾堆排遺還有沒消化的「似皮」物，大哥說是山羊。大、小排遺都有羊毛，莫非是大、小熊皆吃同一獵物。我們也發現一個約一公尺大的熊巢，但熊是把兩側的芒草叢從基部壓折，鋪在中間的地上，圍成圓形而非碗狀，草上還用一顆兩掌合抱的石頭壓著。我們測量熊巢及排糞分布，至少花了

一、二小時，把收集到的戰利品一一排在地上，共有二十七堆，內含物多是狹葉櫟堅果，或偶摻雜山羊的毛。這是在入山近兩星期的枯等之後第一次的獎賞，我很開心。

後來，我們繼續切上窄稜，陸續看到狹葉櫟樹幹上留下的新熊爪痕。爬到相當高度（海拔約一千七、八百公尺）之後，狹葉櫟變少，而大葉校櫟變得較常見。地上有許多成串的大葉校櫟落果，我用石頭敲破幾顆比大拇指粗的堅果，裡頭不是核仁小小一丁點，不然便是沒有，味道嘗起來還不至於太差。然而，至今我從未在這種樹上發現任何熊的痕跡，莫非是投資報酬率太差，熊不吃這種果子？

接上另一小稜後，地上多大石頭，長著蘚苔或樹根盤繞，走起路來還得手腳並用。這是上次大哥來撿到六堆排遺的地點，樹下有許多被熊折斷的樹枝，葉已乾枯，看來至少超過三星期以上。黑熊看來不懂開源節流之道，四分之三的樹冠層都被熊打到地上了，天空清楚可見，足見熊對樹的殺傷力之強。這光禿禿的樹，起碼也要數年之後才能再度枝繁葉茂。

我們共撿了十九堆排糞。樹下的落葉層，也被山羌、山豬等動物翻攪過，看來牠們得感謝黑熊替牠們提早把堅果掃落地上，不然等到果熟蒂落不知已何時。在石頭堆裡，我發現熊在石洞休息的痕跡，洞口還堆疊了二、三個排糞。在附近的芒草叢中，我們又發現兩個熊巢，相隔不到十公尺。其中一個就位在狹葉櫟的樹基部，熊把旁邊的芒草一撮（數根）壓於地，芒草末梢恰好讓熊坐在上頭，另一個則是一百一十公分的「大鳥巢」。

回到營地後，打開無線電追蹤接收器，赫然收到 Silu 的訊號。原本大哥堅持不過夜、今天要趕回大分的情勢，因為 Silu 的出現，順水推舟地轉為和我繼續守下去。地形崎嶇之故，我們無法做無線電追蹤Silu做三角定位，但我仍一個人連續兩天做全日的活動模式監測；大哥偶爾在熊休不活動時，接一下我的班，好讓我休息。這是耐力的考驗，沒有太多樂趣可言，其中有兩回因為睡著了，沒有聽到耳邊的鬧鈴響，紀錄表上留下兩處空白（共兩小時）。

營地附近的一對台灣條紋松鼠，成為我半睡半醒間的夥伴，觀賞牠們樂趣十足。牠們小巧玲瓏，活潑好動，在枝葉間不停地跳躍追逐。還來不及看清牠倆時，就又竄到另一樹枝了。條紋松鼠的叫聲尖銳而響亮，一次單音或叫連續二、三響。大哥稱此松鼠為Dwa（音「對」），以前的獵人打獵時，禁止打此物，因為打到會不順利。另外兩種禁獵動物則是小鼯鼠（音Basigwa）及紫嘯鶇（音Esibisi）。在我坐鎮營地監聽無線電訊息時，大哥便四處走走看看，回營地之後向我報告他的新發現。

Silu這兩天的活動與去年此時在大分的活動相似，仍是以白天為主，入夜後仍有一段時間活動。夜間的活動頻度雖較白天低，卻沒完全停止。報告指出，貓的夜間視力是人的五倍以上，熊雖非貓，但可辨色彩，以及有近距離的良好視覺，我很好奇牠們怎麼在黑漆漆的夜裡行走、找食物。

就在預定拔營回大分這一天，中午煜慧對講機傳來：「學姐，我們今天沒有巡六號陷阱。當我們靠近山頭大草原下方那個陷阱時，聽到很奇怪的聲音，很大聲，好像有動物在啃或是折斷樹幹，我和政翰不敢過去看。」

千呼萬喚始出來

十日早上，我原打算一個人上去看煜慧說的六號陷阱，大哥看我不舒服，說還是由他上去看，我真的也需要這個援手。煜慧和政翰則巡看北區的陷阱。

一小時不到，對講機傳來匆促的喊聲「美秀、美秀……」，我還沒聽到任何「熊」字，便知有狀況了。接著，又聽到「我的手機沒電了……，煜慧、政翰趕快折回來。」我趕緊換上工作服，整理麻醉器材，心中盤算如何把剛從美國寄到台灣的人造衛星追蹤發報器（PTT）拿到手，及時掛在熊身上。問題是，此時發報器不知被送到哪兒了？這是玉管處對黑熊研究賦予眾望的大投資，每個發報器值十萬元以上；我更不想錯失良機，若這次捕捉季沒能將頸圈派上用場，它將就此擱置倉庫或一年之後方有機會登場。

大哥先下到營地，我立即告訴他我的擔憂。他贊成我把山頭的鐵筒搬到陷阱那邊，暫時將熊關在裡頭。玉管處委託的黑熊攝影小組的直升機原定七日會飛進來，因為天雨已經延遲三日，今天剛放晴，或許這幾天很快就會飛進來，我們可以等一等。大哥說，他願意明早爬上多美麗稜線，那兒沒有重山阻礙通訊，可以用對講機與南安聯絡，請玉管處協助把發報器趕緊送上山來。說到此，我隱約聽到直升機螺旋槳拍動的聲音，我興奮地手舞足蹈，握著大哥的手，「這怎麼可能！這麼巧！」隨即又擔心，萬一發報器沒跟著飛上來怎麼辦，於是立刻寫了一張給玉管處保育課的短箋，到時可託機長帶下山。

直升機下降停機坪後，走出一群我熟悉的臉龐，還有下了一些裝備。他們是玉管處南安管理站的四名員工，興奮地參觀我們的研究站前後裡外，這是他們第一次的大分之行。得知直升機還會飛第二趟後，我繼續忙著準備麻醉器材，一邊招待今年的第一批訪客。半小時之後，大家開始注意為何下一班直升機還沒進來，他們擔心回不了家，我則擔心人造衛星發報器是否沒運上來。還好，第二班飛機還是在一小時後現身，除了攝影小組，還有玉管處的獸醫師張俊育，以及麻醉槍和發報器。全都到齊了！

出發前，我們照例集合開會，我把陷阱周遭環境、黑熊處理的過程及注意事項向攝影小組稍做說明，並且討論如何配合。下午一點左右，我們一群九人便氣喘如牛地抵達現場。確認攝影小組的安全位置之後，大哥、黃精進和我進入麻醉位置。由於鋼索纏繞樹幹，限制了熊的活動，我們很快便將麻醉劑吹入，不過牠仍是多次向我們發出憤怒的吼叫。

這是隻重達七十七公斤的母熊，體全長一百四十八公分（後來的齒堊層年齡估算約五至十二歲）。牠的乳部並無特別漲大，經擠壓後，並無乳汁分泌，顯示目前非哺乳育幼期；三對乳頭中的後兩對明顯較大且色黑，顯示曾有生子的紀錄。然而，我簡直不敢相信，牠的右前肢也是斷掌。也就是說，截至目前為止，我們捉到的兩隻母熊皆斷掌，雖然牠們虎口餘生，但是這樣的待遇任誰都不忍觀之。況且雌性動物是維繫族群的命脈，這樣的斷掌是否會影響日後的生存和生殖能力，都是值得深思的，因為熊掌幾乎是熊最重要的求生工具。

為牠掛上了我朝顧夜盼的人造衛星發報器。這個人造衛星發報器設定每隔一段時間（約一天）發送無線電訊號至經過上空的人造衛星，衛星再將接收的訊號傳回地面位於法國的資料處理中心，利用都普勒的運動原理計算出動物位置。定位點的資料再藉網路或郵寄方式，傳到研究者手中。這與台灣研究蜥龜運動所用的追蹤系統相似。在陸地上，研究者就不用登山涉水去追蹤動物所在了。此發報器已被普遍使用於追蹤移動廣泛的野生動物身上（比如大象、棕熊、馴鹿），也是所有利用人造衛星追蹤動物系統中，最不受森林覆蓋度及崎嶇地形影響的一種。對於這第一次使用於台灣內陸動物研究的新科技，我也期待它能發揮在北美地區試驗成功的應有功率。然而，台灣的高山深谷和茂密森林，卻增加了此不確定性。

麻醉約一個半小時之後，我們順利完成測量及取樣的工作，其他人準備要和熊合照留念。當玉管處保育巡查員方良吉剛坐在昏睡的熊旁，伸出一手臂打算擱跨在半坐起的熊肩時，熊的前掌冷不防地揮了一下，這下著實把大家嚇得魂飛魄散。牠應該不會這麼快醒來才是呀！正在收拾麻醉器材的我，只見在場的人兵分三路，朝不同方向逃離現場。我不敢動聲色地楞在熊背後約三公尺處，見黃精進邊跑邊喊：「發作了！發作了！」熊朝他們一行人方向蹣跚地追了幾步，後來絆到樹根，踉蹌跌倒。於是，牠改變心意似的，轉了個九十度的方向，爬進附近的芒草林裡。

還好這「被熊追」畫面沒被拍下來，不然就真丟臉了。我們為這名「千呼萬喚始出來」的新夥伴取名「Sarvi」（莎薇，布農語「山蘋果」之意）。

第十章

山居睡月

去年是豐收的一年，
好像活了好久好久，從年初的風風雨雨之後，
便歸平靜與踏實。志賢、煜慧、政翰的加入是研究的主力，
大哥的慷慨與支援也是我信心來源之一。
我生性獨來獨往慣了，但是在那漂泊之中，
總會有許多貴人適時伸出援手，是天助自助者嗎？

10

時間｜1999.11.25—2000.1.18
地點｜大分
夥伴｜林淵源、吳煜慧、林政翰

黑熊Sarvi的來訪，給大家打了一支強心劑。然而，打從八日由以西路回大分之後，我的感冒才稍好轉，現在又為牙疼所苦。起初只是隱隱作痛，工作一忙時幾乎可以忘記它的存在。然而一到晚上，牙疼便固定發作。除了靠吃止痛藥之外，受不了時便得含口冷水，方可稍為止疼。我想，可能是右下臼齒牙套下的牙齒蛀了，傷到神經，加上最近體能狀況差，抵抗力不夠，小病痛蓄勢待發。

在山上，我最怕的就是生病或有意外發生。因為叫天天不應，就算急行軍走下山，也要花二天；如果帶傷或體弱，那又更費時且危險了。

兩三天之後，過量使用止痛藥的結果是——白天晚上都在痛。我沒有出去巡陷阱，只希望在營地多休息，讓體能恢復，牙痛或可不藥而癒。然而，我錯了。一整天，我的口裡都含著泉水或漱口水，低溫只能維持幾分鐘，之後便得吐掉再換新的，所以水壺幾乎不離手。我在床頭旁也擺了一瓶稀釋的漱口水，含著水入睡。在這個情形下根本無法睡著，一個晚上得跑出屋外裝水二、三次和尿尿。這滋味讓我想起去年被胡蜂叮的情景，不同的是，當時的痛持續不到一天。牙疼雖未痛到掉眼淚的地步，卻讓我擔心可能引發的後遺症，也開始想念起山下的家人。

氣象報告說，冷氣團來襲會長達一星期，最近都是煙霧繚繞。十二月十六日的天氣更差了，清晨三點左右開始滴雨——因為我還醒著。含著水躺在床上，枕頭都溼了。後來終於睡著，卻被大哥及煜慧的對話聲吵醒，我勉強再睡——這是一星期來的唯一安睡。

早上九點半醒來，非常興奮，因為牙不疼了。哪知早餐吃了一碗粥之後，它又再發作。這一痛，我立即決定下山。一則晚上沒睡好，白天精神、體力都差，夥伴們看了難過又幫不上忙；二則是也不能出去看陷阱或遠行追熊，工作上幫不了忙。與其影響大家的心情，不如早點結束苦痛，回復我的工作，對大夥兒都好。這回，路再遠再久，也得上路了。

決定下山就醫的這天，原本大哥要帶煜慧、政翰去對面的日據大砲遺址（華巴諾）看看的。雨這麼一下，掃了大家的興。夥伴們開始討論著下午要做啥。中午由政翰掌鍋煎蔥油餅，過程比蔥油餅本身有趣。飯後大家各自躲到睡袋裡小憩。下午，大哥醒來準備麵團包水餃，其他人幫忙切菜、包餃子。這畫面十分悠閒，也難得一見。或許因為用了低筋麵粉的緣故，麵團太軟，包起來很難成形，水餃的形狀千奇百怪、大小不一，但大家都很快樂。我一個都沒吃，看著大夥熱呼呼地吃著，好羨慕，也想念起好久沒嚐的咖啡了。我想，煜慧和政翰目前為止應該是過足了這山居歲月的癮，閒來念書或與大哥聊天，忙時也無庸擔心研究的問題。晚上，大家照例在床頭說說笑笑，大哥對著不多話的我說：「你在牙疼，我們在快樂，很不好意思。」

十二月十七日這一天，大哥打算陪我下山，翻過對岸的「好漢坡」山頭，在新康陪我過一夜之後再折回大分，我再一個人走下山。雨下著，大哥和我都輕裝。我們趕路，但慢慢地走，很少交談也很少休息，因為衣服都濕了，一停下來更冷。頭一遭這樣下山，我竟然擔心翻不過這座山頭。

翻過山頭再切下到多美麗古道（三十三公里處）之後，我打對講機給正在美托利（十六公里處）進行棧道維修的原住民工頭Vava（賴金德），他幾乎可算是大哥的拜把兄弟；晚上可以落腳在熟識的人中，心安了一半。我和大哥討論，建議他就此折回大分，我不希望在雨天還讓他陪我多走這十七公里的路。時值上午十一點，我若不休息地走，應可在天黑前攻到美托利。大哥勉強同意之後，我將睡袋、無線電追蹤器接過手，和他道別。

老實說，我不確定天黑前是否真能走到美托利，於是馬不停蹄不敢稍有耽擱。下午約一點抵達新崗，恰好遇到在此興建七號吊橋的三名工人，正背上背包準備下山。因為連日陰雨，飛機無法運補，山上嚴重缺糧，加上他們有人感冒要下山休息，工寮還有四人留守。我很高興接下來的十一公里有伴同行。

抵美托利時，天已黑，工寮很熱鬧，將近十人。Vava大哥一雙厚重溫暖的手，立即把濕透的我拉到火旁烤火。今天下午他太太和兒子剛背補給上山，有菜有酒，工人幾乎全都停工休息了。晚上和大家擠在濕冷的工寮下一起吃飯睡覺，頗有家的味道，很溫暖。這晚，牙竟不疼了。

十八日星期六，下山的第二天中午，我便回到有醫師的地方了。在南安遊客中心洗了個熱水澡之後，中心的員工幫我打電話找診所，卻無人接聽電話。我騎車到玉里，找了幾間牙科或診所，才發現星期六下午及星期日皆休診。我沮喪地回到管理站休息。

傍晚我到林大哥卓溪家裡，看他的家人。林大嫂問我大哥何時下山，我不好意思地說「大概一個月」，她應了一聲「喔」。我不知如何接腔，有如做錯事、被人發覺的小孩，不知如何是好。我早已清楚大哥近乎拋家棄子地協助我從事野外調查，面對林大嫂，我有深深的歉意。

好不容易等到星期一下午，蘇牙醫解決了我的問題。他訝異我怎能忍上一個星期，因為牙神經都蛀光了；他也解決了我的疑惑：晚上牙特別痛，是因為躺下的姿勢壓迫神經所致。我已不太在乎病因，只盼望儘早上山。他建議我做根管治療，但這得花幾天的時間，我遂告訴他我得立刻趕上山，他不解但仍好心地幫我做了暫時的處理，保證一、二個月內不會有問題。我可以放心上山，心中大石終於放下。

歸心似箭

二十一日上山前，打了一通電話給媽媽，告訴她我又捉到一隻熊了，這回是下山休息。我隻字未提牙疼的事，「報喜不報憂」是我的不良作風。她大概是這世界上唯一不在乎我捉多少隻熊的人，電話上不斷叮嚀要我多小心。

大學時，她總反對我爬山，除了難得一見的山難新聞讓她惶恐外，每次回家我都是疲累不堪又髒兮兮的。她無法了解我為何愛爬山，就像大部分不爬山的人一樣。對於我的先斬後奏，她也無可奈何。每回平安歸來後，我會慢慢透露上山的事，讓她知道我可以勝任叢林蠻荒的環境。

剛下山的 Vava 要我待到明天才跟他們一起上山，但我以「山上夥伴受凍，我不安一人在山下休息」為由堅持上山——這也是事實。所以清晨七點不到，我已經在山徑上了，路上盤算著是到七號（二十七公里處）或八號（二十九公里處）工寮過夜。

雨毛毛地下著，趕著路……。瓦拉米山屋前，見到一大群的小彎嘴，至少五十隻以上，很壯觀。中午前便到了空無一人的美托利工寮。吃一碗擱在炒菜鍋上的冷稀飯，後來卻拉肚子。我在小黑板上寫下：「祝大家新年快樂，Ali-Duma。」（Ali 是我的布農名字，Duma 是熊，Ali-Duma 是我詼諧的自稱用語）

過了美托利之後，我陸續發現兩具山羊屍體，外觀都完好，但腸子由下腹部拖出，肉色鮮紅，應該是剛死不久，可能是黃喉貂所為。有一次，我曾在附近看到兩隻黃喉貂一前一後追著一隻邊跑邊叫的山羌。也聽原住民說過，幾隻黃喉貂夾攻獵物是常有之事。可惜這麼漂亮的動物，在台灣一直沒有人研究過。

下午三點抵新崗七號工寮，工人留我與他們過夜，因為再過去的八號工寮沒有人。晚上，他們邀我一起吃飯。山上物資缺乏，有的卻是濃濃的人情味。工人的伙食很差，一群人只喝一鍋混一罐碎肉的高麗菜湯，一罐不知從哪兒發現的海底雞罐頭，以及一盤炒高麗菜。

不知從何時開始，山上的工人或卓溪的一些原住民都叫我「熊媽媽」，卻不叫我的原住民名字「Ali」，即使是六十幾歲的布農族工人都秀（日本名）也是如此稱呼我。晚上，我和都秀、達海園著火聊天，其他工人則玩大老二。

都秀告訴我，他以前也常打獵，大分一帶的山頭他很熟悉，並說大分山頭也有一處小溫泉，有鹹味的泉水會吸引很多動物去喝。他曾看過兩次熊，都在米亞桑一帶；一次是熊去吃他陷阱上的山羊，一次是看到熊在山櫻花樹上吃果子，也把樹枝折成巢堆。我邀請他們在一月結束山上工作前來大分玩，讓我招待。

睡覺時，工人們把最旁邊的空位讓給我，免得被他們的鼾聲包圍。他們的棉被很像溼豆乾，硬梆梆的。新崗駐在所位於山谷，幾乎是至大分路上最潮溼陰冷的地區。晚上被凍醒好幾回，早上醒來發現我的睡袋也是溼的，像淋過雨一樣。

二十二日早上的溫度很低，新崗到多美麗這一帶真是霧茫茫，我得等到能見度好些才上路。經過新康八號工寮時，我拿了一些以前直升機載進來的補給塞進背包，帶到大分。

之後，一路上便開始看到霜，這是整個研究期間唯一出現的白花花世界。橋板傾斜的十號吊橋因結霜而滑溜難行，我只能靠著登山鞋的鞋底紋咬住橋板外緣，手握吊索一步步攀過去；到了獨木橋，我是用四肢爬過去的。雪淞在接近多美麗稜線處最為壯觀，泛白的植物葉片還鑲上了白邊，像寬帶蕾絲，眼前美景令人屏息。我邊走邊欣賞霜景，今天下午可到大分。

多美麗的稜線上，我大喊了幾聲，沒聽到回應，打對講機也一樣。繼續走下到碎石崩壁處，終於有回應了。大哥的聲音，從對講機聽來十分興奮，我當然更興奮。他告訴我上回送我出來時，在崩壁下坡的幾棵台東柿樹下，發現有五堆熊排糞，要我留意。我果真發現四堆，有三種不同的新舊程度，但裡頭皆是堅果，可能是熊在別處吃再晃到此處來。小柿子掉滿地，樹幹卻沒熊爪痕，熊沒上樹，只吃地上的落果。

下午三點不到，便回到大分了。我向大夥兒稟告山下的狀況，傳達口信。他們在廚房正中間的地上升了一堆火，大哥說這火約從我下山後至今沒熄過，從至少十公分以上的灰燼來看，這幾天的冷想必是苦了他們，而且雨還下了二、三天。我不在的這一星期，除了小動物常光顧陷阱之外，仍是沒有熊的動靜。

沒有鈴聲的耶誕節

昨晚就寢前，大哥說今早要「看」大家的夢。二十四日一早，我便告訴他，夢見捉到一隻熊，並不大，像是在五號陷阱的樣子，我趕緊通知大家來處理……。他說「好（夢）。」但是，巡陷阱時並無異樣。

早上起床時，溫度計上只有零度。地上植物覆了一層白霜，研究站的屋頂也是白色一片，這是大分難得一見的景象。對面或四周的山，雪淞的範圍變小了，可能是昨天初陽乍現，融化了一部分。不久，太陽火熱地出現，雪景化為烏有。

大哥、煜慧、政翰三人今天將前往砲台收集 Silu 的活動模式。就在大夥收著裝備準備出任務時，政翰走近我：「學姐，我有事情要私底下和你說。」我暗覺不妙。他有事一定要下山，他看起來很難受，還把寫給女友的信給我看。我搞不清楚感情的事，只知道它有致人於死的殺傷力，卻不知該怎麼安慰他。我深覺抱歉卻沒多問，只問他是否要今天下山，我可送他一段路，他卻堅持要完成任務後再走，並且在處理完問題後再上山來。我聽了很高興，因為我最不願看到的狀況就是把志工嚇跑。

天氣很冷，要大夥出任務實在有點捨不得！去年送給大哥的禦寒裝備，除了夾克之外，他都沒用，他說：「有的好像給媽媽了，老人怕冷，我們年輕人可以忍。」我覺得好笑又好氣，真是拿他沒輒。終於，在我的氣話兼開玩笑之下，他把廠商贊助的防寒襯褲穿上了。出發前，我再把夾克及手套塞到他背架上。

在研究站外，太陽的出現讓人倍感溫暖，剛冒出芽的菜籽及花豆的葉子，看來是凍壞了；土地緩緩冒著煙，山谷的水氣正往上蒸發，這天有十足耶誕節的味道。沒有鈴聲，沒有喧鬧的人聲，或祥和快活的佳節樂聲，我們持續研究、收集資料。我剛從山下上來，又是大病初癒，有著十足的戰鬥力。但是，夥伴們已經在山上待一個月了，我不知他們還能待多久？煜慧問我何時可以下山，我還是只能說「或許一個月」。我擔心她撐不下去，她是我最親密的工作夥伴。

早上七點，我開始在營地監聽 Silu 的訊號。晚上六點，我和在砲台的煜慧做了最後的一次通訊，因為這兒已經收不到 Silu 的訊號，所以她和政翰得熬夜監測牠的活動。「感謝大家，Merry Christmas」結束了我們之間的對話。我真希望能給他們一人一只喜氣洋洋的大襪子，裡頭裝有香橙和有亮麗包裝的巧克力，這是我以前來自美國新墨西哥州室友告訴我的耶誕節傳統，也是我收到的第一只耶誕節襪子。我懊惱自己在山下沒想到這一點點會心的驚喜，一心一意只想趕上山來。

我給自己沏了壺茶，坐在火堆旁，營燈亮著，我閉眼合掌，做了一個好長、好久的祈禱。

二十五日耶誕節。天氣千變萬化，昨天還是晴空萬里，今兒卻是霧茫茫，溼溼冷冷，溫度依然只有六度，手指、腳跟都凍傷裂開了。出去巡陷阱前，我在每個夥伴床頭吊了只襪子，多半是骯髒的毛襪，一點也不吸引人。除了每只襪裡都有不同顏色的瑞士糖四顆之外，大哥的有我私藏的最後一瓶米酒，煜慧的是一大片雀巢巧克力，政翰的是寶礦力粉包及巧克力。

三十日。等待也是研究的一種方法，不只是過程而已。昨天，就有想去看八號陷阱的衝動，但又不想打草驚蛇，也就忍了下來。今日，九號陷阱仍是好好的，竟有些沮喪、失落，步伐更沉重了。路途上的爬坡，是空檔也是信心重建之時；安慰自己，要有耐心，順其自然。接著，遠遠便見八號陷阱好好的，又跌了一個心情小凹谷，但很快就恢復了。靠近陷阱時，卻發現彈條彈起，一個大足印踏在鋪平蘚苔上，是熊！我站起來，看到二十公尺的前方，青剛櫟樹枝葉掉滿地，樹身上有爪痕。

蹲下身來重新設好陷阱時，我不時回頭看，也故意出聲咳嗽；希望像捉其他熊的過程一般，這熊吃完甜頭之後會再回來。有點膽顫心驚地去巡接下來的陷阱，因為陷阱很靠近，說不定牠正在陷阱旁徘徊。我很高興，熊回來了，可能是新的個體，因為我們每天早晚無線電追蹤一次，一一監測所有捕捉繫放的個體，都沒有發現有熊活動於此區。

大家早早便回營，下午的時間很輕鬆。我和志工喜歡用讀書享受這悠閒的時間，大哥則到處走走逛逛，偶爾也找點新鮮事來做。煜慧把泡了二天糖但仍有澀味的山蘋果用水煮了，蘋果泥是我出的主意，但不知怎麼個吃法，後來全都丟掉。我爬樹看山，再把睡墊鋪在地上，半躺著看書、看雲、曬冬陽；聽到煜慧在屋裡唸過期報紙上的笑話和新聞給大哥聽，兩人哈哈大笑。我這一、兩天，只卻想一個人靜靜，連收音機都覺得吵。

二十九日直升機飛進來載走攝影小組。鍾榮峰先生和其助理正執行玉管處委託的黑熊拍攝案，自從上回飛進大分後至今已約三星期，但聽說此趟拍攝野外活動的黑熊幾乎毫無斬獲。我不意外，因為此季黑熊出沒大分的狀況實在很差，我們也還等待著奇蹟。直升機的來訪卻也為我們補給豐盈的物資，足以開個山上小超市。大哥張羅起拜拜，水果、餅乾、魚肉，沒有紙錢，但心誠就好。謝天，是感恩，而不是純粹有求於神。

十二月三十一日，一九九九年的最後一天。陽光很溫暖，天很藍，風中仍有些寒意；光禿禿的山胡桃、滿樹黃的尖葉槭、變紅葉的山蘋果各異其趣。下午大哥出去撿薪柴，我則忙著升火煮年夜飯，有除夕的味道。那樣的心情是像個女主人或老闆，想在歲末佳節時，弄些好東西款待家人或辛苦的夥伴。我終於能體會母親逢年過節的張羅了，那是一種疼惜。豬肉店老闆娘送的豬頭，下了豆乾、毛豆、蘿蔔煮一大鍋湯，還有紫蘇湯圓、炸芋頭及地瓜，再煮一大鍋飯。煜慧和政翰四點多回營地時，我已差不多張羅好了，佩服自己的手腳俐落。

天未暗，我們便吃起除夕年夜飯了，聊著拜拜的風俗，小酌慢慢，吃得飽飽的。晚上的火讓大家暖烘烘的，我們把睡墊鋪在火前，席地而坐。睡蟲找上我，早早便躺著睡著了。醒來時，已是十一點了，星空滿天。

邁入三十的獨白

清晨，猴子叫著，我窩在睡袋裡，給自己道聲「新年快樂」。不知何時開始喜歡上過年過節，一個可以重新出發的藉口。我得和自己對話……。

去年是豐收的一年，好像活了好久好久，從年初的風風雨雨（人事紛爭）之後，便歸平靜與踏實。大學生志工志賢、煜慧、政翰的加入是研究的主力，大哥的慷慨與支援也是我信心來源之一。我生性獨來獨往慣了，但是在那漂泊之中，總會有許多貴人適時伸出援手，是天助自助者嗎？研究已進行至計畫的一半，大體上處於穩定發展的階段。之前雖然並非一帆風順，而自己能在各種困境之後脫險而出，多少是韌度及變通性增加了。我並非萬事俱備、能力俱足，卻比以前有更多的勇氣與信心面對挫折，對困難的容忍範圍也擴大了，這種做事及思考方法的訓練，大概就是這研究所回饋的吧。

由於密切和一些人接觸，這些人成了我的鏡子、也是老師，讓我在付出代價之餘，增長不少。這些課來自於林大哥、志工、黑熊攝影小組。用一句話來說，即「世界是自己用自己的眼睛及心所塑造而成的」。如同看電影般，在那兒真正發生了啥事並不是重點，而是你認為或看到那兒發生什麼事了。對於人與人之間的關係，我不應抱太多期待，而是在相處的當下，尊重對方，維持和樂的相處，之後會如何發展則順其自然。如此，大家都放輕鬆了。

今年該許什麼新希望呢？尤其是進入了三十歲的行列。希望家人健康喜樂，我們都已不再為貧窮所苦，所以期待有智慧地享用生命。人都會老死，這個自然過程大家都一樣，只不過早晚罷了；很確定帶不走任何東西，但實在很難說能留下什麼。生活，若無法一個人獨自過的話，何不把快樂的想法感染四周，至少，別去危害他人。Be a nice person!

三十而立之人，應秉何頂立於天地之間？是正氣嗎？離我有些遠了。我只想到活得像「一個人在活著」，我不太清楚實際意義為何，卻是由衷地希望。也許是活得快樂，在學習，有希望。所謂「認真的女人最美」，非指要努力工作，而是一個能自尊自重、疼惜自己、熱愛生命的人，認真、積極地萃取生命精華。我無法期許此時能有什麼魔力去影響或教化他人，所以專注在自己的成就上，提升生命品質，這樣的願望應該很簡單。

這無疑是個慵懶的新年第一天，享受著冬陽，我看書、寫東西、也拍照。是山上的第三十八天了，我們彼此間的對話愈來愈少，沒有新的熊與話題可聊。煜慧喜歡和大哥聊布農語，大哥也高興。我呢？唸書消滅貧瘠感。大家的生活多少有點陷入低潮，我和志工們有書唸，可以得到調劑。大哥呢？

沒有變化的變化

離捉到 Sarvi 已近一個月之久了，我可以看見自己的耐心正面臨最大的考驗。每當沮喪時，總勉勵自己，要有耐心；無數的祈禱，在等待中求驗證，順其自然吧！時間好像停留在巡陷阱、吃飯、唸書、看山的動作上；沒有電話、電視的干擾，一種全然的山居生活。這陣子沉迷於《社會心理學》一書，唸書也是讓自己心平氣定的方法。如此愜意的生活，對我是極盡奢侈，或許這是認真工作一年半之後，上天送給我的禮物。

窗外的陽光，讓苗圃裡的菜看起來翠綠盎然。小白菜已經有五公分高了，長得最快。看菜圃，是大家的共同嗜好，可惜晚上常有山羊、山羌來光顧屋後山坡上及屋前苗圃的小白菜，甚至放在屋外泡水的碗豆也少了一半。

每次去看陷阱，都是一次冒險之旅。抱著希望、步步為營地接近目標，但總是一次次希望落空。如煜慧說的，巡陷阱是很「單調」的活動，一個人去有些無聊；但她也說一個人較有機會看到動物，很好玩。我有點不知她意欲為何，但可以確定，她已進入彈性疲乏狀況，很累了。最後，她總不忘補充「還好」安慰我，很少遇到像她如此善良體貼的人。她不認輸的個性，比我溫和多了。

一月五日早上，Sarvi的訊號很清晰。我一邊看書，一邊記錄牠的活動模式。趁好天，夥伴燒了一大鍋的熱水洗澡，我洗個熱水頭也擦了身，好像每個毛細孔都張開來呼吸了。看來洗澡的魔力，似乎只有在山上久久洗一次時才會發生作用。大哥砍了些木頭，打樁圍起後面菜圃，也砍蔓生的野草，這兒似乎愈來愈像有人居住的樣子。煜慧跟著大哥的屁股，將冒芽的豌豆丟入掘開的土裡，不久之後，前面的苗圃就是豌豆園了。

在太陽西斜時，我拿著相機，不同時間、角度記錄我們的營地。它是我們的基地，從它的存在，我可以看到自己對於研究的所有投注。雖然它不是我研究的全部，但這種精神象徵很重要。在這方面，也許大哥的感覺會和我比較像，因為這是我們胼手共同建立起來的山中家園。有時我也困惑，怎麼有這種能力做出這樣的事情。實在有點不可思議！

天未黑，晚飯就上桌了。散生在駐在所階梯上的小白菜，已經可以摘來下鍋，味道鮮美，是葉嫩及吸取自然地肥的緣故吧。去留的問題，成了我們這次上山來的第一個激烈討論議題！我好強的個性又表露無遺，不過這次我很早就看出來，也做了讓步，不讓對方為難，但把立場解釋清楚。大哥有點醉了，捉不到我的重點，而我也不必強求他一定能夠了解我的立場（在那種情境之下）。我表示我捨不得下山，不願意放棄任何可以做研究的機會，尤其是每回上一趟山都是那麼不容易；但是，也沒有人比我更希望大家共同完成任務，一起下山。

這是我自私的想法，所以我不會為難大家。煜慧願意和我同進退，我讓大哥自行決定何時下山。我知道他有家庭的壓力，田裡的事、打耳祭的事、拜拜當「爐主」的事，都讓他掛心。然而，他「大家一起上山，一起下山」的信念，卻再度讓我為難。

他想必也有點失望了，所以說出了打破我所有期待與希望的話，「熊不會來就是不會來！」我老實告訴他，我不喜歡這個論調，問他「那為什麼還要待在這裡？」他沒回答。我提醒他不要失望，但知道他有沒有把話聽進去。即使不是那麼確定自己真能撐多久，但我必須鼓舞士氣，我希望大夥兒是懷著希望去看陷阱的。妥協的結果是折衷，決定二十日下山。

柴油燈恍惚不定，油煙味配上無線電追蹤的嗶嗶聲。我們需要耐心，更需要希望，以及眾神的庇佑！

政翰歸隊

山上也沒啥新鮮事了，沒熊的痕跡，陷阱也靜悄悄，沒熊好追，這有點會要人命！Sarvi 似乎多半活動於大分西北方的山頭一帶，地面追蹤定位十分困難，甚至不可能，只能冀望牠身上的人造衛星頸圈能讓我們收到一些牠的位置資料。

一月六日，一個人巡陷阱，上坡的步伐並不沉重，沉重的是心情？捉不到熊。這種失望很可怕，死氣沉沉的，我不願任何人見到我的臉孔，也怕和人講話，生怕這股穢氣讓別人吸了進去。為何今天如此消沉，是感染到大哥的失望嗎？我不願隊員沒有希望地待在這裡，但也期待這兩個月的守候，能讓好不容易掙得的另外兩個人造衛星發報器派上用場；如果這回用不上，下一回的捕捉又是何時呢？也許是我得失心太重了，再一次感受到當個領隊的困難。

大家期待著下山已九天的政翰今天歸隊。他會帶來新訊息，我則希望他的出現為帶來小隊一點清流、一點希望。我們估計他今天會到，一整天對講機都開著，大家也神經兮兮地豎起耳朵，看會不會聽到他的叫聲。中午十二點半，我聽到「嘿」的一聲後，再沒一分鐘，政翰就出現在眼前了。他胸前掛著兩包葡萄，是煜慧男友託他帶上來的。原來在睡覺的煜慧跳了起來，她昨晚看《傷心咖啡店之歌》至清晨三點。

發禮物時間，煜慧除了葡萄之外，還有一封好厚的情書；大哥有四包檳榔和一瓶保特瓶裝的金門高粱；我的則是研究室裡堆積的信件，不乏親友、學生的新年賀卡。政翰也跑了一趟贊助我野營裝備的偉盟公司，帶來了新營燈、夾克、Gortex 風衣。他看來開朗許多，比原先剛上山時還活潑，也許是心頭的結打開了。

無線電訊號監聽到半夜十二點，Sarvi 的訊號又消失了，我想牠應該找到了隱蔽處休息，所以無線電收訊不良。老鼠在屋外挖石頭，弄得鐵皮嘎嘎響，我起身找，看到一雙亮晶晶的小眼珠及晃動的身影，麵粉和麵筋的袋子被咬破了。

一月八日，連出去看陷阱都懶，真的是下山時候了？陷阱沒什動靜，所以大家通常早早就可回到營地了。中午不到，暖洋洋的，元旦之後每日如此。端了杯咖啡，拿書到屋旁舊豬舍的桃樹下坐，卻見一山羌跌跌撞撞地從草叢中衝出來，行動好似不便。我沒追牠的念頭，後來仍是忍不住，將牠捧回營地。牠的後腿有一塊擦傷，大腹便便懷孕了，看起來十分沒精神。我們替牠擦上優碘、打了一劑 ATP 及維他命 B 群營養針，暫時將牠留在攝影小組的工寮內。

去年此時，在營地一次可同時監聽四隻黑熊的無線電訊號；巡陷阱也多花時間，因為餌老是被動物吃掉，得重新設置被彈起的陷阱，日子很忙碌。這次的捉熊季，除了有不少時間看書或整理菜園之外，像是一趟高級的生態旅遊度假。我們四個人常常或坐或蹲在門口看鳥。清晨的鳥叫得勤，牠們似乎每早在太陽光越過對面山稜線、照在研究站之前就來報到了，繡眼畫眉、綠畫眉、紅頭山雀、冠羽畫眉穿梭在盛開的梅花和桃花之間，難有定時。十點以後，看猛禽（熊鷹、大冠鷲）；下午五點之後，則看定時飛來營地前的鵂鶹。但是，沒有熊，沒有巡陷阱的驚喜與智力挑戰，沒有熊大便可撿，沒有無線電追蹤可跑，讓人覺得「派不上用場」。我們不怕事情多，而是怕沒任務。物質享受是充裕的，似乎有吃不完的食物。

還是回家吧！

工寮的鼠輩愈來愈囂張。我們在捕鼠籠內放蘋果，效果比塗上香噴噴氣味劑的地瓜有用，一星期內捉了五隻高山白腹鼠。茅草屋頂裡頭，還住著幾戶鼠家、多少鼠口呢？精明聰慧的大眼睛，白絨絨的腹部，十分可愛，讓人捨不得移除牠們。但牠們在大夥入睡燈熄後，就開始東奔西跑，有一回還從我的胸前睡袋跑過。有時，受不了的人（大部分是我）便得鑽出暖呼呼的睡袋，警告牠們自律一點；但通常一點作用也沒有。

十四日敲定提早兩天下山，即一月十八日。一種歸心似箭的感覺在心頭鑽動。爾後，Sarvi 也消失無蹤了，於是決定更早（十六日）下山。雖沒能夠熬到預期的二十至二十三日，但人真的累了。而且運氣已不錯，這一季還有攝影小組的人造衛星電話可借用，在思鄉難耐之餘，大夥仍可偶爾和山下聯絡。之前所有的準備與期盼，如今就要劃下休止符，不捨又能如何。

一年一盼，就是青剛櫟結果的時間，可以上山住在自己的研究站。現在梅、桃花開絢爛繽紛，山景宜人，無奈心灰意冷。或許如同《別為小事抓狂》的作者理察．卡爾森（Richard Carlson）所說的，我們總期待東西會愈來愈多，「More is good」。第一季捉了六隻熊，現在只捉一隻，就覺得不好。加上玉管處提供的三個人造衛星發報器頸圈都已經送上山了，總盼望它們能夠使得上力；所以期待雖不會是六，但總也是二或三。

十六日，大夥天未亮便起身熱菜，收拾裝備。好漢坡每天都在看，倒不覺得如何，但真要爬時，總像要上戰場般如臨大敵。爬坡的路上煜慧借了我的錄音機，錄大哥的吆喝聲及歌唱聲。他的聲音在山谷繚繞、迴轉，好深、好遠，飄入人心崁裡。這空谷迴音，就怕在錄音室也錄不起來。

第十一章

在山上，把心安住

年少的痴狂與夢想，那是人生的另一種美與精神，
也是很容易、很早就會喪失的東西。
其實，這也是我最後決定以黑熊為研究題目的考量因素，
「這一生中如果有機會，
我要做一些一輩子都會懷念的事。」

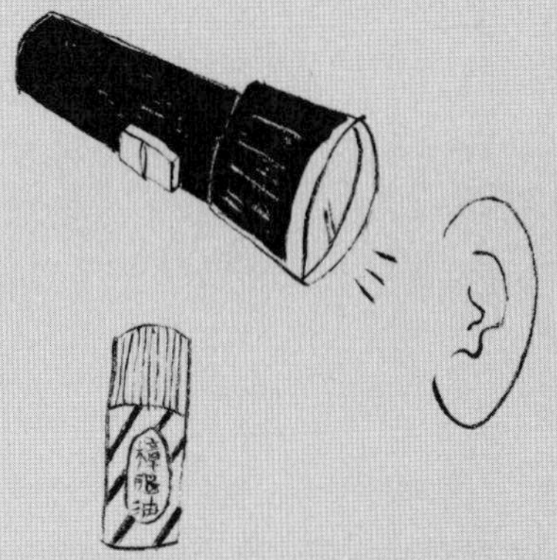

11

時間｜2000.6.15—2000.7.12
地點｜新康、多美麗、大分
夥伴｜林淵源、吳煜慧、黃吉元、楊志賢、黃精進

去年夏天，在瓦拉米地區設陷埋伏失利，除了可能是楠籽的結果狀況不佳之外，最重要的可能在於，我對其他影響黑熊活動的環境因素所知相當有限。這一回，我計畫在新康、多美麗地區進行第二次的夏季黑熊捕捉工作。今年夏天，這地區的樟科楨楠屬植物（香楠、日本楨楠等）的結果狀況相當不錯，也許會吸引一些熊前來覓食。

美國北部的明尼蘇達州黑熊，在十一月至次年三、四月進入冬眠期，秋季（九、十月）是合法的獵熊季，夏季則是研究者捕捉繫放黑熊的重點時間。六至八月也正值黑熊的繁殖季節，動物會增加活動量以尋求配偶，而減低覓食活動，因此，生殖活動及豐富的天然食物都可能會減低餌食對熊的吸引力，增加捕捉的困難。帶著小熊活動的母熊，雖然活動範圍較小，但生性警覺，對人或其他熊的氣味十分敏感，也不易捕獲。台灣黑熊的夏天又是如何呢？

由於玉管處工務課要驗收位於新康地區剛施工完成的七、八號吊橋，六月十七日，我們藉此機會搭便機，先飛入大分，把麻醉裝備運至新康。然而因天氣不佳，行程延後三天。等飛機的日子，雖已抱有「再不飛便走」的灑脫，但慚愧的是，面對重裝的爬行，加上在山下安逸日久，我不自覺顯露出怯意。

夏天的拉庫拉庫溪谷綠意盎然。直升機一降落大分的停機坪，我們立刻衝往研究站，想將器材搬上飛機。研究站旁的樹上有幾顆發黃的梅子，山豬、山羌的腳印十分明顯。接著，我看到攝影小組的工寮裡外，散落一地的器材、垃圾、破裂的塑膠置物箱。我趕緊看查研究站的門口，門是關著！我一邊拿出鑰匙開門，一邊慶幸熊手下留情，沒有來破壞我的研究站。

黑熊偷襲研究站

門一推開，卻看見了相同的場景，原來一箱箱歸類上架的器材、食物，如今全散落一地。我楞在門口，懷疑牠是怎麼進來？牠總不會自己開門又關門，或是從天而降呀！等我跨入門檻後，方才看見門後側的米甕旁的鐵皮被扒了一個大洞。我查看那洞，有一公尺長、半公尺寬，向外翻開的鐵皮邊緣，還夾著一撮熊毛，我隨手撿起裝入封口袋。

其他陸續跟進的人，也看傻了眼。可是直升機正等著我們呢！我們趕緊搬鐵板、桌子、木塊把那洞暫時擋起來，在混亂的地上尋找所需的麻醉器材。我沒時間檢查損失到底有多慘重，但是熊吃光了所有的米，把我們平日省吃儉用的儲糧都糟蹋了，紅豆、綠豆、米豆等其他乾糧灑滿一地；倒是罐頭，牠一罐也沒吃。

匆匆跳上飛機，仍是忘不了那個大洞，還有像遭小偷後的浩劫。我擔心熊已經知道這裡有食物了，牠可能還會返回這兒找食物。研究站裡剩下的東西，不知能否撐到等我回來收拾殘局？

兩天後，我們從剛紮好營的新康再回大分，不過這回是用走的。途經多美麗駐在所時，我發現步道旁的一棵台灣杉的樹幹上，有熊爬上樹的新鮮爪痕，在離地一公尺高處有熊擦背的痕跡，斑駁粗糙的樹皮因為摩擦而呈現光滑的黑色，上面還夾著好幾根熊毛，步道的內側也有清晰的熊腳印。附近的三棵台灣胡桃樹幹上也有熊擦背痕跡，但熊並沒有爬上樹。有人認為，熊擦背是具有標示領域的作用，但仍頗具爭議。在沒有足夠的科學證據支持下，搔癢的實質作用或許還要大一些，因為我們捕獲的台灣黑熊身上都有壁蝨，還好情況都不至於太糟糕。

當我還在照相時，聽到煜慧喊「學姐，有熊大便」的叫聲。直徑達三公分的新鮮糞便，落在步道下方，從上頭的蒼蠅卵看來才剛孵下。我撿了一根樹枝撥開糞便，裡頭有草莖和許多螞蟻殘骸。步道轉彎之後，我又發現一堆攤平的熊排遺，裡頭除了楠子，還雜有些許山羌毛。

從大分吊橋爬上研究站的步道上，又發現一堆幾乎全是山羊毛的熊排遺。

保持距離，以策安全

還好，大分研究站沒有再遭熊破壞。令我吃驚的是，大哥到營地上方水源處，將被大水或動物移位的水管接好時，看到一隻烏黑的大熊漫步於懸芶子叢中。牠的身上沒有無線電追蹤頸圈，不是我們所捉過的熊，但也有可能是一年半前掛上的頸圈脫落了。這個嫌疑犯，出現在離營地不到五十公尺的距離，不由得令人不寒而慄。

仔細檢查研究站的內外，發現幾堆略微發霉的黏稠狀物，看來不像排糞，而是嘔吐物。這熊算是機警，牠把成袋的食物（米、麵條、臘肉、鹹魚）拖到屋外較為隱蔽安全的地方享用。研究站後方的山坡上，三十公尺見方不到的芒草叢下，盡是縱橫交錯的熊路徑，猶如迷宮。我們花了一整個上午，循著熊徑，在草叢裡或鑽或爬，尋找失竊的糧食，以及牠留下的痕跡，說不定還有共犯。

熊和山豬的路徑有點像，但是熊行經之處比山豬的要開闊寬廣些。徑寬約半公尺，卻沒有山豬那般排山倒海的架勢——所經之處必定是土開石翻。這應該是覓食習性上的差異，因為山豬常會用鼻吻部拱土找食物。熊徑上，我們還發現了嘔吐物、排糞，上頭沒消化的米粒清晰可見。芒草叢裡，也有六個熊壓折芒草做成的大熊窩，還有十幾處熊直接趴臥於地上或草上的休息處。這些痕跡的新舊程度不一，少則一星期，長則可能有半個月之久，足見此熊在附近逗留的時間不短。南美洲的眼鏡熊也有流連於食物豐富之處的覓食習性。

因為黑熊的學習及記憶能力很強，我實在不希望這一次的甜頭就此讓牠上癮。一如其他人，我也喜歡目睹野外黑熊的風采，但更希望牠們能保持本能上對人的幾分畏懼，一如我對牠們的敬畏一般。這樣營造出來的距離既是自然，對彼此也都有好處。

舉例而言，世界上最負盛名的美國黃石國家公園，在七〇年代的慘痛經驗，便是黑熊習慣遊客的存在和餵食，以及到垃圾場覓食；另一方面，激增的遊客為了看熊或餵熊，喪失了對熊的危機意識，因此許多熊攻擊人的事件遂在兩者（人與熊）溝通不良的情況下發生。雖然，人被黑熊攻擊致死的機率非常低，但這些熊的下場多半是被射殺。後來，黃石國家公園關閉了所有的垃圾場，嚴格禁止遊客餵熊，並加強露營者對於食物保存方式的管理，以及有關黑熊習性和防熊之道的教育宣導，人熊衝突的問題方得以改善。

也許誠如戴爾．麥克勞（Dale R. McCullough）所說的，在長久的共同演化歷史上，人與熊之間發展出了敵對的關係，期待兩者和平共存，既不自然也不明智。因此，與其誤解大型猛獸（黑熊、獅子、老虎）的恐怖或人盡可誅，不如充分了解這些動物對人的潛在危險性和其難以預測的行為習性。這份畏懼加上對生命的尊重，我想正是維繫彼此相安無事的基礎。

截至目前為止，我們所繫放的八隻黑熊都沒有再捕獲的紀錄。美洲黑熊的捕捉經驗也顯示，有些曾被捉過的個體會對陷阱產生趨避作用，以免再被捕獲。若要制止這隻破壞研究站的黑熊日後可能產生負面行為，將人與食物做聯想，以及確保研究站的安全，似乎有必要對此個體進行特別通緝。我希望牠為此暫時性的獲利付出代價，學習不再接近人的食物。

我決定將置於山頭的鐵桶陷阱一拆為二背下來，放在研究站附近。我們三人沒有背架，於是吉元把鐵筒的門桿放在腰際，兩隻手可操縱突出的門桿，像個背著噴射火箭的機械人一樣，很滑稽。我和煜慧則將一根木頭穿過鐵筒，扛在肩上，但山路崎嶇，二人步伐無法配合，後來也改用背的，把小背包綁在鐵筒上。鐵筒體積雖大卻不至於太重，只有十幾公斤。我開始百思不解為何在南美洲波利維亞做眼鏡熊研究的朋友蘇珊・派絲里（Susanna Paisley），需要動用到近十人，才能把同樣的鐵桶陷阱抬上山（後來，我把背鐵桶的照片寄給指導教授，他大為讚賞此法，還說要把照片寄給蘇珊參考呢）。

我們將鐵桶陷阱架於營地上方台階地的芒草林旁，也就是大哥看到熊的地點。再於研究站右前方的樟樹下，蓋了一間「熊的工寮」，捕捉這個不請自來的熊朋友。

我們又花了一天的時間徹底清理研究站，把還可以吃或用的東西收起來。這回，我們在研究站後頭的苗圃挖了三個大坑，把裝滿食物的置物箱埋放裡頭，壓上石板，覆上泥土，然後再蓋上鐵皮。我們也在已經開天窗的屋頂上加罩一件舊的雨布——只是這些雨布不知是從哪兒來的，一如我們的鍋具一樣，就這樣多了出來。

停留大分的三個晚上，夜夜都是星斗滿天，除了蟲鳴聲特別響亮之外，大慈悲心鳥和山羌都叫得很起勁。研究站附近，早上也可聽到山羌叫，甚至白天就看到牠從草叢飛奔而過；晚上，也有動物走動所發出的窸窣聲，我想不是山羌、便是山豬吧！有點嚇人。大分營地今年的紅柿、桃、梅都結果，吸引不少動物前來覓食。儘管如此，我們還是得離開研究站，回到新康進行捕捉工作。

要做一輩子都會懷念的事

二十四日，從大分返回新康的路上，我們在多美麗的稜線處，遇到師大登山社的學生，他們向陽山四路會師，今宿大分。我提醒他們注意「熊」的出沒，儘量不要在大分研究站附近紮營。

享受戶外活動之時，知道如何在不驚擾野生動物的情況下，觀賞其野性的自然美，是登山健行者應有的常識，也是可遇不可求的運氣。因為森林性的動物一般較開放地區生長的動物來得羞怯及隱蔽，不易發現。對於熊這類具危險性的動物，更需知道應對進退之道。然而，我以前在學校登山社的爬山時發現，很多社員不是競逐百岳攻頂的數目，便是講究新穎齊全的登山裝備或是技術升級，能將地理、動植物生態知識融入爬山活動的風氣仍十分有限。這真是很可惜，因為登山的樂趣無形中打了大折扣。

在新康，我們把營地設在八號停機坪旁的步道上。這兒的視野很好，而且早上起床不用鬧鐘。

五點不到，日出雲彩紅透半邊天，晨光照亮由幾塊雨布簡單圍起來的棚子，迴盪山谷的鳥鳴，隨之把人喊醒。我們將攜帶式的七片太陽能板攤在地上，靠著曬太陽充電，勉強算是有「電力」設施的研究棚。

在停機坪下方三十公尺不到的一棵楠木，整個樹冠剛被熊折斷，那熊肯定不小。後來發現附近的幾棵大楠木也無一倖免，樹底下有五堆都是楠籽的熊糞，每堆楠籽都近百顆以上，顆顆完好，可以想像熊囫圇吞下這些果實的模樣。

煜慧剛考上東華大學自然資源管理研究所，大概沒有人會比我更高興得知這個消息了。她自願協助我上山追熊已經一年，雖說大學念的是法文系，卻對生物有濃厚興趣，登山經驗也是嚇嚇叫。如今，她想以黑熊為碩士論文題目，和她一起上山的男友吉元也剛考上師大資訊所，極力鼓勵她加入黑熊研究行列，願意全力支持她。

在她的男友也在場的場合裡，我表示了自己的矛盾立場。對於有人（不可能有太多的）願意延續此黑熊研究，我寄予厚望，但我不想一廂情願灌她甜湯，也不願鼓勵她像我一樣義無反顧勇往直前，因為我深知這研究甘苦。若心理準備不夠，只怕到時苦了她、害了她。但若決定要接手此研究，她的能力一定可以勝任。研究工作需要以興趣為前提，接著更需要有迎接挑戰、解決問題的不懈，以及面臨挫折的堅持。在鼓勵她擇其所愛時，我也提醒她不要忘懷年少的痴狂與夢想，那是人生的另一種美與精神，而且是很容易、很早就會喪失的東西。其實這也是我最後決定以黑熊為研究題目的考量因素，「這一生中如果有機會，我要做些一輩子都會懷念的事。」

「做不做黑熊」的這個話題，我倆已經談過很多次，所以我逐漸採取旁觀者的立場，十分小心地保留我期待她加入的熱情，不願因此造成她的壓力。我試著根據個人經驗，客觀地分析她以黑熊當作研究題材的利弊，以及可能遭遇的研究困境，但有時仍擔心自己說太多。我得讓她自己去找問題、去看真相；她得自己做決定！然而，這回上山來，她卻顯得有點心神不寧，不多說話。就在吉元下山的前一天，一件突發狀況，讓我對於黑熊研究的承傳又有了一番新領悟。

我們已在新康、多美麗地區設了近十個陷阱。根據無線電接收器的訊號顯示，大分的鐵桶陷阱可能有捕獲黑熊，因為我在陷阱上裝了一個無線電發報器，可以遙測陷阱狀況。所以，二十五日清晨六點不到，大哥便輕裝出發一探究竟，我和煜慧、吉元稍後才背著麻醉器材上路，如此便可在多美麗稜線上和他用對講機通話，確認狀況。當我上氣不接下氣地爬坡接近稜線時，聽到前頭吉元的吆喝，叫我不要再走了，大哥報告陷阱並沒有狀況。原來，是黏在發報器上控制發報器啟動的磁鐵脫落了，讓人收到誤以為陷阱被動物觸動的假警報。煜慧的臉色一早就凝重，如今似乎更臭。我向二人說：「對不起！讓大家這麼『操』，很辛苦。」我們只好再回頭切下坡，返回新康。吉元再半開玩笑地說：「才剛開始，這麼『操』，人『掛』了，怎麼辦？」

言者無意，我卻覺得很刺耳，加上心虛，遂解釋：「我之前已說過這是『緊急情況』，不得已。此外，研究一如爬山，有時就是會碰到這種緊要關頭，就得熬過去，不行也就算了。」他點點頭。隱約知道他二人的感受後，我當下決定不再主動談研究傳承之事了。我走前面，失望而喪氣，不是因為沒有捉到熊，而是因為人。我知道這種抱怨會發生，因為二年下來已有不少前例可循，但二人都是登山好手，又與我相當熟識，我仍是感慨後學難帶。他倆在後頭說說笑笑，至多美麗時臉上已多了點笑容，我裝作若無其事，卻不多語。

在台灣做野外研究，一如登山，強健的雙腳及體能是涉入深山的必要條件。只是登山通常是走馬燈一般，隨著腳步的前進，眼前景致不斷更換；若遇狀況，撤退之後，下回可以捲土再來。而野外調查卻常得鎮守一地，一來沒有多變的景致，每天醒來，都是同樣的山頭；二來是日復一日重複的研究方法。此外，山可以下次再爬，但是有關自然資料的收集，一旦錯過時機，就很難再重來。因此，對研究的耐心與執著，就成了研究者選擇去或留的依據。也因為自然生態體系本身的複雜性，加上時空差異，故就同一個學位的取得而言，生態研究通常比其他實驗室科學或人文科學花更多時間在野外資料的累積上。舉例而言，研究歷史超過四十年以上的美洲黑熊，在大量人力與物資的參與下，至今仍有許多迷思未解。

Are you all right?

二十八日，吉元下山後，志工楊志賢上山接替，大哥也決定於次日下山。大哥對於再上山來支援黑熊捕捉工作顯得興趣缺缺，但對於飛去大分協助拍攝那兩個剛築的大山豬窩、熊窩卻興致勃勃，他要回玉管處報告這發現，強調這些照片可以讓遊客知道一些事。他的冷淡，我和煜慧都感覺到了。難道是因為我的一席話，讓他感到不再被視為是「捨我其誰」的唯一嗎？

前幾天聊天時，我隱約透露對於誰上山來支援黑熊研究，對我而言，如今已差不了多少。我已不再希望透過私人請託，而獲得大哥或其他人對於黑熊野外研究的支援，因為他人的反覆不定，讓我無法看清對方的真實態度。所以，我只能改變自己的態度，對於他人如何看待此研究，既非我能掌握之事，何妨順其自然地「放下」，不是嗎？因此，對任何上山來幫忙做研究的人，我都把他當作是協助者、夥伴，而心懷感激，卻不敢再寄予相知相惜的厚望。

大哥下山後，山上只剩下我們三個學生。志賢曾協助我做調查，也剛考上台大森林研究所，在考量系所的發展方向以及師資的前提下，以黑熊做為碩士論文的可能性不高，他的動機也沒有煜慧強，但我們仍討論不少以黑熊與台灣森林生態系關係為研究題材的可能性。我們三人常聊研究的事：要設計一個黑熊保育的網站，希望成立一個黑熊研究基金會，要為黑熊野外研究製作寫真集；這些都是研究論文之外的事，然而要做的事太多，卻人單力薄。

步道旁的崩壁上，有個拳頭般大的黃腹琉璃鳥的鳥巢，我們每次經過時，總會向這一家子打聲招呼，也幫兩隻眼閉毛裸的小雛鳥做目測生長紀錄。那知今天路經時發現，小琉璃鳥及窩竟不翼而飛，只見樹枝上一隻公鳥口啣一蜘蛛駐立枝頭良久，巢的另一端也站著毛色黯淡的母鳥，看似疑惑著辛苦建立的「家」怎麼不見了。我們懷疑是吊橋工人拿回去養了，後來才知道是工人取鳥加菜。他們最後一次的高空運補是兩星期前我們上山來的那回，如今只剩下米、豆腐乳和醬菜而已。

看完陷阱回到營地後，我們找個蔭涼樹下填東西入胃。突然間，左耳劇疼難耐，大概有蟲子跑入耳朵裡，我立刻拿手電筒來照，但行不通，疼到眼淚都流出來了。十幾分鐘後，我再滴入樟腦油，也沒好多少；之後再擦乾，滴入雙氧水，不再有蟲子鑽動的劇響，卻是如被蜂叮一般的疼痛。這是第三回了（繼蜂叮、牙疼之後）！下一回又會是怎樣的苦痛呢？我盤算著若疼痛不止，就得趕下山，但這一天的腳程加上疼痛，我熬得過去嗎？想到此，又是害怕！這是面對死亡的恐懼，這是深入蠻荒的代價嗎？我一個人無力地坐在地上，一手拿著手電筒照著左耳，煜慧在旁照顧我。後來竟躺著睡著了。醒來時，手電筒已沒電。山上的病痛很容易令人聯想到「死亡」——這只是隻蟲子罷了，卻讓我再次感受人（我）的脆弱。入山二星期了，我們在這兒等待什麼呢？

在山上不應有太多牽掛

七月一日的下午三點半開始飄起雨，雲不斷地從東方山谷飄進來，我為枯燥許久的大地將逢甘霖而喜，看來可能會是個鋒面，不像午後雷陣雨，只希望不是颱風。煜慧及志賢早上到多美麗看陷阱，我則看附近的陷阱，順便休息一下午。

下午的雨時有時無，我的心也飄來飄去的，心神不寧。屢屢望著多美麗的方向，煜慧和志賢理論上中午就該回來的，不知是否因陷阱有動靜而耽擱，還是切下到大分了？到下午五點仍未歸來，我判斷大分有狀況了，開始打包，把麻醉器材都塞到大背包裡。想著他二人在大分的種種可能，是捉到熊？還是像上次一樣，只是發報器上的磁鐵掉了？如果有熊，萬一被熊攻擊怎麼辦？我愈想愈擔心，反而不在意一個人在營地過夜。晚上，他們果真沒回營地，我將剩飯煮了一小鍋稀飯，配上鮪魚罐頭、皮蛋、蘿蔔乾，繼續寫札記、讀《社會學研究》（*The Practice of Social Research*）。山刀放在身旁，晚上酒醉的工人若過來，我也得小心。還有熊。我打算明早吃完早餐之後便立刻上路，期待上山第十四天後有個好消息。

晚上睡覺忽然被一束強光驚醒，像是獵人打獵用的探照燈。我從睡袋中跳起來，戴上眼鏡，拿著山刀，走出棚子一探究竟。沒有人！我大笑，原來是星星，是清晨兩點半。我再鑽回睡袋裡。

七月二日清晨六點，我把所有麻醉器材背上路，九點半便抵多美麗稜線。煜慧聽到我的呼喊聲，打開對講機告訴我沒有熊，又是另一次失望。我在稜頂等待正在爬好漢坡的他們。他們告訴我，這次是因鐵絲張力把磁鐵拉開了，我為連續發生兩次讓夥伴為了一個誤導的無線電訊號而翻山越嶺道歉。二人說ＯＫ，但看來很疲累。志賢雖然為了一圓看大分的夢想而高興，但他看來更想下山，我知道他掛心著山下的另一半，遂勸他早點下山去；在山上不應該有太多牽掛的。

志賢擔心明天走不了三十公里（抵登山口），決定今晚先抵有工人的七號工寮住。煜慧也提出提早下山的意見，她說：「很累，心理及體能上皆是，可能是累積一年參與研究的累吧！」我完全了解，因為我自己也想下山了，但也決定賭一賭我能撐多久。

「山上，為什麼待不住？」我開始想。我不像志賢，在山下並沒有令我掛心而非下山解決不可的煩惱事呀！問題癥結莫過於心。如果心靈脈動無法與自然環境的脈動契合，就會不協調，不安的心怎能產生靜、定、慧。所以，我得把心安住，但我又沒有心儀的野外研究大師喬治．夏勒的幸運，他的太太偶爾會到野外探訪他，幫他佈置一個溫暖的家。於是，我又再次說服自己，等待是研究過程的一部分，如果我能把野外工作環境佈置成一個舒適的心靈生活空間，如此不就沒上下山的差別了。

為了改善自己內在的環境，我豈不更有理由不下山；我為了這個剛發現的新使命而雀躍不已，我得試一試。能毫無牽掛地在山上是個福分，這種原始的研究應該就是一種最原始的「修行」。

七月三日早上，又是五點不到，便被滿坑滿谷的鳥鳴吵醒。把頭鑽出睡袋，東望山頭上的曙光，這是新康營地每天的開始。早餐總在六點半前就吃好了，有段時間可以喝茶、看書，或寫東西，之後再上路。

我已經習慣在札記裡和自己的心靈對話，這是山上另一種方式的對白。埋首蠻荒，離群索居，慢慢地把我塑造成一個「異類」。我不再期望有忠誠的信徒了，人本來就不需要有信徒，因為人的世界不是向外求取，而是向內挖掘。但是我也發現，在山上，如果都不活動，會受不了的，畢竟無法一天二十四小時都在和自己對話，這會得自閉症。想清楚這點後，我學會在發悶的時候找些事來做，讓頭腦暫時休息一下、身體勞碌起來。

今天休息。在無法專注念書時，到營地後側的瀑布洗澡。十點的陽光不再令人暑氣難消，空氣是暖的，泉水是冰的，身子是涼的。在自然面前裸體，是如此暢快舒服，身上每個細胞、器官，好像都吸入了那股森林中又濕又暖的清明。身上起的溼疹也因此降溫作用，不再抓不勝抓。

煜慧的心情看來不太好，是自我對話的結果嗎？我想逃離這股陰霾，背起背包去看下面兩個陷阱，順便走走。經過施工中的八號吊橋時，監工告訴我最近有人在附近看到熊腳印，有的工人甚至怕熊而想下山，問我該怎麼辦才好？回到營地已近五點，煜慧的臉色更差，一個人呆坐在停機坪上，直到我提醒她正在煮的紅豆焦了，她才跑回營地照顧柴火。我不了解她真正的愁苦，卻想幫她解愁，於是主動向她提議下山的事，也許她是擔心我一個人在山上，而不方便提出。還好到了晚上，她的心情便好些，起碼在享用有桌子的晚餐（拉麵）時，有說有笑了。

七月四日，煜慧約六點多便上路下山。山上的孤寂如果不知如何排解，是件十分難受的事，任何人都幫不上忙，因此我很高興看到煜慧的離去。我逐漸看到自己不再用心中的那把尺去度量別人，這真是一大進步。在人來人去之間，我似乎也逐漸學會灑脫地看待其中變化，人生真的是沒啥好勉強的。不是說「德不孤，必有鄰」嗎？

孤寂多半也是一時的。下午工人通知，玉管處保育課找我。我借了八號工寮的基站台，與山下聯絡。保育課問我是否要在十一日進行高空無線電追蹤黑熊，我雖感意外，當然立刻說好，因為研究經費預算根本沒有飛行這項，包括運補，更何況是無線電追蹤。原來，是玉管處處長要去大分巡視，同時藉機安排直升機高空追蹤。看來大哥下山後果真鼓動了上級對熊窩的興趣，我也欣慰仍然有人在乎我在山上做黑熊研究。

工人們斷糧，我這邊也好不到哪兒去。幸運的是，南安管理站的員工四人這回竟然幫我背運補（青菜、肉、餅乾、巧克力）上山來，一次看到這麼多人著實嚇了我一跳。此外，他們也是為了處長有意從大分走古道下山，所以要沿途整修路面及瓦拉米山屋。我們坐在營地前的步道上，觀看東方藍天泛橙的詭異高積雲，南方的天空也是粉紅色的，西方的雲不多，彩虹從山谷下的雲海延展開來。他們的來訪，也帶來了可能會有颱風的消息，不過颱風還沒成形。

彼得颱風到訪

下午五點，終於下起了這次入山以來最大的雨。入夜後仍小雨不斷，營地飛進了一隻體長達七公分的深山鍬形蟲，我為它畫了一張素描。這讓我想起最近的寵物頭條新聞，日本市場高價收購甲蟲，一隻身價台幣十幾萬元？又是一波熱帶地區昆蟲的浩劫。人何時可以學會用不霸佔的方式去靜觀自然之美呢？

原住民保育巡察員黃精進（布農名字海木斯）留下來陪我。由於颱風之故，我們趕至大分把兩個陷阱關掉。地上或是整個空氣都是溼溼的，我們輕裝、安步當車，除了一號陷阱的餌不見了之外，其他沒有異樣。剛翻過多美麗海拔兩千公尺的稜線時，即發現二棵大楠木剛被熊爬過，泥地上有鮮明的熊腳印，還有一堆滿是楠籽的新鮮熊排遺，山豬的拱痕和山羌的腳印也不少。這是我原本有意設陷阱之處呀！我懊惱這回再次錯失良機，但至少熊還活動於此區，需要的只是耐心、較少的人為干擾，以及不可抗拒的誘餌。

滴滴答答，果真是下了一天的雨；除了四、五隻灰林鴿飛過之外，沒見鳥兒出來活動。彼得颱風已轉為中度，八日上午五點即發佈海陸颱風警報。今天風不強，只是雨不止，明天清晨颱風就會登陸。

我到八號工寮借用基站台，請山下的人幫我打電話回家。媽媽的聲音斷斷續續的，因為聽不清楚她的話，我只簡短跟她說「我很好，不要擔心。」海木斯則在工寮裡找到舊雨布，我們可用來補強研究棚。聽說工人們斷糧，都想要下山了。這種壞天氣起碼還會持續二、三天，加上已一個月沒和家人見面，誰不想家呢！這霧茫茫的深山裡，又將剩下我們兩人了。我問海木斯要不要撤退，他說願意留下來陪我；他似乎看來很自在，躺在睡墊上，叼著一根菸。除了聊颱風外，從大分帶過來的收音機，增加了我倆之間的話題，好像多出了一個第三者，我們一起聽歌及大笑。

下午的雨更大，海木斯與我只能坐在睡墊上，聽著雨滴打落雨布的樂聲，望著眼前灰濛濛的雨景。我避開與自然的這種直接接觸，我的不安告訴我應泡杯熱茶、看書或寫東西都好，把心安住。如今，我把重心轉移到自我訓練上了，學著在無法改變現狀時，替不安的心尋找一個家，不再漫無目的地飄來飄去。我已不再那麼嚮往山下的世界，也開始著手寫今年將呈送玉管處的研究報告，有關原住民狩獵問卷及訪談的調查方法；海木斯則讀《森林的故事》（*The Trees in my Forest*）。我們都有事情做，偶爾停下來看看外頭的雨。

此時一百公尺遠的瀑布，隆隆作響。對面的十里崩壁在雲霧籠罩之中，依然傳出不絕於耳的落石聲。這種天候下的山，就像是位生氣的陰沉老人，動物也不敢出來。那一份翠綠盎然的生機好像不見了。話說回來，那長青的山需要的不也是這種令人敬畏的風雨嗎？

傍晚，吊橋的工頭陳先生穿著小飛俠雨衣、腰佩山刀來探望我們，問我們今晚的打算。我與海木斯吃晚飯後，看天候狀況決定暫時無需撤退到八號工寮，繼續留守營地。晚上前來聚會的昆蟲也少了很多，不過仍有隻大蟾蜍冒雨前來。收音機傳來殷正洋的歌聲，老歌依然迷人，在山上聽來尤其令人感動。

夢見珍古德

九日清晨三點半，我便無法入睡。想起不久前的夢，第一次夢見珍・古德（Jane Goodall），她的脖子上掛著未斷奶的小猩猩，手中也抱著，逆風彎身疾行，長披肩飄舞著；她在一棵大樹下或坐或躺或臥，與一群爬來爬去的黑猩猩玩在一起。不解為何夢見她？

我不可能成為珍・古德。她在叢林裡追逐黑猩猩時，應該也未曾想過有一天要成為現在聞名遐邇的珍・古德。對於未來，我的茫然會將我帶往何方，我也不知道。《森林的故事》一書引用文學家梭羅（Henry D. Thoreau）的話：「我們只觀察到我們關心的事物。」熊的研究讓我看到許多盲點，這樣一份對研究的專注會給自己帶來怎樣的福與禍呢？

一整個晚上風雨交加，雨聲宛如排山倒海之勢而來，夾著一陣陣的強風。滲過雨布的雨絲不斷打在臉上，傾盆大雨及雨布因風而起舞的樂聲，並非悅耳，而是恐怖。此時，除了一盞營燈所照之處，什麼也看不到。我有些害怕，生命一如驚弓之鳥，繫於那微弱的一線之間。不，是一布之間，或是一寸土之基。對面的十里崖，不是一直在崩落嗎？我所在的這片寸土，是否也會像土石流一般崩落溪谷？因為營地下方便是砍光樹木而建的停機坪。不知自己是懦弱、愚蠢，還是勇敢，竟把自己置於如此險惡的關頭，居安而無思危。颱風比預期來得快，海木斯此時仍蜷於睡袋內，他在想什麼呢？

在聽著風與雨的對話，期待天亮之際，我煮了一壺咖啡。海木斯冷不防地問我：「怎麼還沒天亮。」我故做鎮定：「四點半，快天亮了，別擔心。」於是，我知道他沒有熟睡。

天亮後，雨勢已減弱，但我們仍在八點飯後將整個營地雨布拉低，然後「逃路」般地背了些乾糧到八號工寮。人多有時也意謂著安全。八名工人正在下棋、玩牌、烤火，海木斯到此起碼有人聊天，我倆也不用繞著颱風的話題一直打轉。

十點之後，雨停風止。天上的雲像極了山水畫的雲朵，灰色階卻濃淡有致。冠羽畫眉、白耳畫眉依次出現在工寮前的赤楊樹上，叫聲響亮。大、小樹們經過這一天的摧殘之後，如今看來顯得十分疲累，彎身喘息；或許是我累了，所以萬物皆疲憊。下午四點，我們返回「家」，把棚子重新拉好，一切又回復原狀。人呢，如何恢復原狀？有點想下山，卻不能說出口。

七月十日再見晨曦，好像什麼事都沒發生過，只有停機坪頓時成了我們的曬衣場。

為了減少人的味道，我一個人到多美麗去看陷阱。有點走不動了，體力很差。有個陷阱有熊踏過，機關彈起，卻因彈條彈性疲乏，彈弧變小，以致無法完全縮起套索，無法套住熊腳。我有點懊惱，這已是上山來第二十三天，第三次的錯失良機了。奇怪的是，這三回都只有肉被吃掉，是同一隻熊嗎？我為每個陷阱都換上新的米及蜂蜜。拖著疲憊的身子再見營地時，已近下午五點；我在山谷轉彎處，大喊一聲，聽到海木斯的回應。

待我回到營地時，海木斯已經煮好飯，還特地燒了一壺熱水等著我，十分窩心！我沖了一杯茉香紅糖茶。這一晚，我沒有力氣做晚課（寫報告），我倆坐在停機坪上，面對著清朗的山谷、星空。他聊起十六歲時，二年半的海上水手生活，行船到非洲等國家的事蹟，如何把衣服拖吊在船尾中，讓浪濤洗衣服，如何把鯨魚或鯊魚的骨頭或牙齒拿來做項鍊和菸斗；也聽他說目前在夜間部高中上課的新鮮事。一股瀟灑與自在流露於言談中，我看到了不同於山下常帶幾分酒味的海木斯。

第十二章

歷劫歸來

「我夢到你抱著我一直哭、一直哭……
第二天，我又夢到煜慧，她回來找我，一直笑。
我就知道你們沒事了。部落的人都問我，
『熊爸爸，為什麼你沒有去山上找熊媽媽？』」
無言以對的我，
給了他一個感激而深情的擁抱。

12

時間｜2000.8.19—2000.8.28
地點｜新康、大分、玉管處南安遊客中心
夥伴｜吳煜慧、謝光明

從六月十五日入山以來，我們已經在這遠離人境的新康山區，守株待「熊」超過兩個月了，卻不斷地「摃龜」。陷阱的餌三番兩次被熊吃掉，一隻熊也沒捉到。如今則盤算著，糧盡之日便是下山之時。

根據兩年來的觀察，多美麗駐在所附近應該至少有一隻大熊經常在此活動，布滿松針及落葉的日據古道內側上，因為黑熊長期的走動，而留下一排連續而間距如熊步伐的窟窿，像個小型彈坑，讓人不難想像此熊日復一日徘徊於此的龐然身影。

這幾天，在多美麗駐在所及營地附近都有猴群，阿里山北五味子及台灣獼猴桃的落果隨處可撿。位在多美麗的陷阱已多次被熊吃掉，所以我們滿懷希望地等待著，但今天（八月十九日）卻是出乎意料，人去樓空的八號工寮陷阱竟有熊光顧，這熊並沒有破壞留在工寮的物資。牠從陷阱後頭侵入，先撥開豎立於陷阱外圍的樹枝，再掀去覆蓋上頭的木板，然後把放在陷阱內側的餌全都扒了出去，還在樹幹上留下一個鮮明的爪痕。我佇立陷阱之前，欣賞著牠的傑作，不知是應該為了牠的大駕光臨而手舞足蹈，還是感到沮喪並破口大罵。

從留在地上的腳印來看，腳掌全長只有十五公分，並不是先前在多美麗一帶連續吃掉餌的那隻大熊，而是另一隻較小的熊。這也是此番埋伏以來，第十二次陷阱的餌被熊吃掉了。深山補給困難，夥伴有時都不免開玩笑說：「這兒的熊比我們吃得還要好。」

走回營地的路上，我面色凝重地盤算著應該下山的日期。因為糧食所剩無幾，頂多只能再支撐一個星期；另外，長期奮戰兩個月下來，離群索居的我們早已心力交瘁，下山症候群蓄勢待發。然而就此下山，栽在一隻熊掌中，也實在有所不甘！

最重要的是，我實在想捉到熊，掛上極力向玉管處爭取才採購到的人造衛星追蹤器。過去兩年捉到的七隻個體中，除了兩隻還可以掌握訊息外，其他的頸圈不是斷落，便是失去音訊。此時，一心一意只想趕快把這隻狡猾的山賊擒獲，完成任務下山，而我們最後的希望就繫於昨天在多美麗地區增設的新式（地洞）陷阱了。

這兩天的天氣異常的好，晴空萬里暫時取代了每天惱人的午後雷陣雨，不用整日溼答答的，大家都很高興。晚上八點多，蟲鳴、飛鼠叫得響，我走到停機坪，面對著拉庫拉庫溪的空曠山谷，仰望滿天星斗，又不知不覺地許起願來了。虔誠地合上雙掌，閉上眼睛，輕輕地說著每一字每一句，好像對著知己訴說塵封內心的心事，又生怕祂聽不清楚。祈求上天看在我們如此辛苦，以及鍥而不捨的研究精神上，賜給我們小隊平安以及一隻黑熊，「一隻就好了！」就在結束這場與神的莊嚴對話時，我微微張開雙眼，口唸「阿彌陀佛」之際，看到一顆閃亮的流星劃過銀河。

我決定保守這個祕密，因為布農族的傳統忌諱把話說在前頭，否則就不靈了。我走回營地，未提隻字，便躲進溼冷的睡袋裡。

得道高「熊」

與我曾接觸過的美洲黑熊相較來看，台灣黑熊對人的警覺性十分強，可能多少與長久以來的狩獵壓力有關。因此，在捕捉期間，我們會儘量減少巡視陷阱的人數和在附近逗留的時間，減少人的氣味。今天（二十日）我要小組按兵不動，耐住性子，生怕去多美麗巡看前天才增設的陷阱，會打草驚蛇。我們的時間已經不多了。

這隻大熊很聰明，似乎已經掌控了那兒三公里穿越線上的連續五個陷阱。那怕我們也是煞費苦心，不斷和牠玩鬥智遊戲，改變陷阱的擺設方式，牠都有辦法用不同方法，避開陷阱上的套索，吃掉餌而不被套住，好像早已識破我們的圈套。

截至目前為止，牠都佔上風，等著我們每次的「進貢」。我不得不暗自竊笑遇上了這樣一位得道高僧（熊）。因為棋逢對手，孤寂的山居研究生活，多了一份充滿戰鬥的樂趣。不服輸的我使出了壓箱法寶，改用地洞式陷阱，把餌改放在一個深約四十公分的坑洞底部。熊若要吃餌，得用手掌朝洞裡扒取，如此就會觸動橫跨在食物上方的機關，熊掌會被套索捉住。對一隻習慣了吃放在地面上的餌的熊來說，這花招應該是牠想像不到的。我充滿信心了。

八月二十一日，迴盪山谷的鳥囀，一如往常在五點半不到把我們叫醒，吵到我們無法賴床。在山上的好處之一，便是生活節奏與大自然相同，日出而作日落而息。在按兵不動地等待兩天之後，今天顯得忐忑不安，甚至有些緊張。出發前，我端了杯咖啡，走到停機坪，面向著剛爬上山頭的太陽，盤地而坐，將展開的雙掌放在膝蓋上調氣。在這靜默調息之中，濕潤而溫暖的空氣很快貫穿了整個身子，人飄飄然地如夏末的清晨微風一般。起身時，我再次叮嚀自己，順其自然！

在接近多美麗駐在所的地洞式陷阱時，我們開始發出咳嗽的聲音，避免和可能流連在陷阱附近的熊不期而遇。我可以感覺到自己的心跳正隨著靠近陷阱而逐漸加快。然而，並沒有看到熊的身影，心跳隨即降回常態，心頭卻多了一塊大石？又「揁龜」了。

在每一個獵熊失利的現場，我們總像個經驗老到的警探，小心翼翼地收集各種犯罪證據，試圖剖析歹徒行兇得逞的原因。然而，在我的狩獵紀錄中，從來沒有一回像這次敗得如此慘烈。原來圍在陷套索兩旁的大木頭，已滾出兩公尺之遠，上面還留有熊爪痕；坑底的醃肉已消失無蹤，踏板機關看來是正常地彈起。我不發一語，趕緊跑向二十公尺外古道轉彎後的另一個陷阱，結果心更冷了。這個陷阱前面設有連續兩個踏板，如今兩個踏板都彈起來了，也就是說，牠竟然一口氣連闖兩關，直撲餌食而毫髮無傷；用來裝蜂蜜的空罐子棄置於陷阱前面，上頭還有牠的咬痕。我癱坐在地上，欽羨地看著這不可思議的傑作，感覺到牠好像正躲在草叢裡，觀察我們此時有如喪家之犬般的表情，喜孜孜地為牠的新戰績而歡呼。

拖著無力的步伐，走向下一個陷阱，並在萌生去意、打算舉出白旗之時，我止步轉身向煜慧和光明說了個背水一戰的策略。如果這熊已經對目前使用的腳踏式陷阱（不管小室或地洞）免疫的話，那麼或許牠會不知如何應付鐵筒陷阱，因為牠從來沒碰過。況且，我們只要翻過這山頭，把放置於大分研究站的鐵筒陷阱背過來放這兒，人就可以立刻下山，待一星期之後，再上山來檢視成果便可以了。

話說回來，一個人各背著一個大汽油鐵筒，攀爬這平均坡度大於六十度、海拔落差約一千公尺的山徑，絕不是件輕鬆事。雖然想念山下的文明與親情，但我實是擒熊氣旺，不甘就此向牠投降。因此，隊員們毫不遲疑地贊成我的構想，而也萬萬想不到，這個念頭後來竟然救了我們一條命。

狂風暴雨「碧利斯」

決定之後，我們踏著輕盈的步伐前往大分，下午四點半便到研究站了。飢腸轆轆的我們，暫時把捉熊這件事丟諸腦後，邊吃著餅乾邊輕鬆地聽著從收音機傳出的歌聲。這讓我們感覺還與外界文明有所接觸的聲音，是大分研究站才有的超值享受。

新聞快報卻讓我們驚醒過來，有個超級強烈颱風正以極快的速度，直撲東台灣而來，明天登陸。我們立刻討論要如何應付這個突如其來的災難——決定先暫時就地穩住。起碼這兒有充足的糧食，爐上架的薪柴也厚厚一層，無斷糧之慮；若貿然衝下山，難保路上不會撞上這颱風，況且沿途有多處要涉水，天雨水急，能否安然渡溪也是個問題，而且新康營地也沒多少存糧了。這決定似乎讓大家心安了大半，但因通訊不良，只怕山下的家人擔心我們的安全。

這讓我更看清自己的膽大妄為；明知夏天是颱風季，上山只為減輕重量，怎可不帶收音機。我常常好運當頭，然而好運又有幾回呀！還好來到大分，又有這台收音機，不然，後果真是不敢想像，我們可能在背鐵籠爬上多美麗的路上，被這強颱包圍。

二十二日早上七點的新聞指出，颱風暴風直徑六百公里，時速超過二百公里，結構完整，直撲東台灣而來，全島無一處得以倖倖。上午雨時大時小，轟轟的雷聲自遠方傳來，已經可以嗅出颱風的味道了。這風雨看似把我困在大分，但何嘗不是把一顆「歸心似箭」的心安住；在大分，我覺得很安全，雖然如此遠離人群，卻也如避風港一樣。

十一點的一陣颶風，忽然把我們安逸的心給吹醒了。北風把廚房的雨布、研究站的雨布都吹掉。如果這只是前奏，那麼風力將轉強的晚上，豈不是可能連房子都不見了。我趕快叫大家把自己的東西打包好，尤其是睡袋，到時候若真要逃命，可以提了就跑。

大夥兒好像有點不知所措，望著突兀的芒草屋頂、透空的廚房。我心想應該還可以挽救，只是塑膠繩斷了。於是穿起小飛俠雨衣，繫上山刀，喚醒了夥伴的注意：「我要修復屋頂。」我一動，煜慧和光明也跟著幫忙。我爬上屋頂，把罩在芒草上的雨布拉緊，再增加固定的繩索，生怕整個屋頂都被強風吹走。

下午的風雨更強勁，排山倒海而來的狂風暴雨，最後也把廚房、瓜棚吹垮。我們見情勢不妙，又前前後後在風雨中，爬了五次屋頂、用光所有的繩索，把附近可以撿到的大石頭都往屋頂上壓，只希望保住研究站。待天色轉暗時，我們已束手無策；山坡下暴漲的闊闊斯溪水聲在入夜後格外響亮，低沉渾厚猶如一隻張牙舞爪的巨獸。

下午六點，飽餐一頓之後，我們把研究站裡的器材及糧食都裝箱放在地上，做好防水處理。隨身行李也都打包好了，塞滿了睡袋、乾糧、炊具、急救藥品、衣物、爐具、雨布、衛生紙，以及一些貴重儀器；萬一研究站不保，我們可以立刻逃到五十公尺不到的彈藥庫避難——那是間日據時期留下來的鋼筋水泥房，應該十分安全。雷電交加，像鬼魅一般，我們安靜地坐在床緣，屏息傾聽著屋外風雨的咆哮和溪水的怒吼聲，還有研究站鐵皮被一陣陣強風吹襲，時而發出的唧唧叫聲，有時也會被某種嘎嘎巨響嚇一跳。

屋裡尚有電瓶供應的一盞白色日光燈亮著，讓人覺得沒離文明沒那麼遠。我祈禱著夜晚趕快過去。再也笑不出來了，不是害怕死亡，因為尚不至如此，而是因人赤裸於大自然之下的脆弱、渺小而產生的畏懼。晚上十一點，大家的眼睛看來都快要闔上了，想睡卻不敢睡，大概也睡不著。屋內地面已經積水三分之一。人在大分，只希望研究站能穩住，新康營地的災情可能更嚴重，不敢多想。這時，我們好似等待風雨奪走家園的那一刻來臨。想起一個月前，那四名受困於滔滔八掌溪洪水之中的村民的恐懼。

深夜十一點半，最後的一陣強風刮入，把研究站前面的鐵皮牆面掀開了，一聲轟隆巨響解放了我們所有緊繃的神經，夾著冷意和雨絲的風雨奪縫而入。「咱們走吧！」大家早有準備，毫不遲疑地穿上雨衣、背上背包，逃往預定的避難所。

到了彈藥庫之後，風雨似乎減弱了，我們把二張睡墊鋪在略為積水的兩公尺見方斗室裡，三個人蜷縮著，睡袋外再蓋著帳棚的內、外帳，以免睡袋也溼了。我倚在牆角，腳還可伸直，睡意很濃，大夥兒就這樣或坐或半躺地睡去。

研究站災情慘重

漫長的黑夜終於過去。二十三日這早卻連一聲鳥鳴也沒有，不知山上的動物們如何度過颱風夜。倒是多了幾位來自遠方的訪客，兩隻環頸珩和幾隻不知名的海鳥，停泊於營地前草地上養精蓄銳，從牠們無力鼓動翅膀來看，應該也是飽受風雨摧殘。

回到研究站，著實被眼前的景象嚇得目瞪口呆。研究站已經不像是個房子或工寮，而是荒廢已久的鬼屋，也像我記憶中的南海難民屋一樣，整個屋身傾斜，搖搖欲墜。正面的牆都沒有了，只剩三張鐵皮單薄地趴著，從外頭可以一清二楚地看見裡頭。門還在，卻被卡住打不開。屋頂上的雨布被掀到一角，露出散亂一片的芒草，活像個爆炸頭。屋前幾棵五十歲以上的老桃樹及梅樹，都被攔腰吹斷，旗桿也垂躺地上。樹上廁所的樹冠不見了，當然門、扶手、棧橋也都被吹掉。第一次有「難民」的感覺，算得上是受災戶，讓人哭笑不得。

今天我們仍需要一個可以躲雨、睡覺的地方，但附近看來也無處可去，到處都是落枝，何時禍又從天而降也不知道。別無選擇地再次爬上屋頂，把被吹走的雨布勉強拉回原位，起碼，這樣還可以讓我們避避小風雨。我們中午不到便鑽入睡袋補眠，卻擔心害怕房子隨時會垮下來。我也考量著是否要試用對講機和外界溝通，但夥伴卻提醒我可能會有誤傳的風險，若報平安變成「傳山難」，豈不烏龍！

下午四點的收音機，傳來解除陸上颱風警報和隨之而來的豪雨。趁著雨勢稍停的片刻，我一人獨自外出探路。原本蓊鬱的森林，如今宛如剛遭逢世界大戰，樹冠層的樹枝葉幾乎都掉落到地面上，橫七豎八的樹枝、落葉把地面鋪成一層毛茸茸的綠色地毯。到大分吊橋的這一小段路上，行走不易外，對岸也多了好幾處崩壁。日據古道東段狀況最好的大分吊橋，如今橋頭的四根樑柱全都倒塌，吊橋扭曲成S形。看著橋下混濁的滔滔洪水，我竟然不敢過橋。這是我第一次不敢走吊橋。

踏著沉重的步伐回研究站，我憂心忡忡，至此完全打消背鐵筒到新康的念頭。回家是唯一的念頭，我思索著如何平安下山。

二十四日仍有豪雨特報，但雨勢稍減，雨時下時停；雲層卻仍厚，遠方的山總在雲霧飄渺間。早上趁著沒雨，把雨布上多餘的繩索解下來，預備回家的路上可能會派上用場。夥伴們躺在略為傾斜的通鋪上看小說、雜誌，我則抄寫著那幾頁快爛掉的一百句英文諺語。中午為了簡單起見，滷了一鍋燒酒雞，但沒有雞，只有臘肉、麵輪、木耳、高麗菜乾，夠我們吃上好幾餐。

為了進一步確認回家的路況，我一人趁中午飯後再出去探勘；不想讓夥伴冒險，於是告知若兩小時之後我仍未回，再出去找我。回到大分橋頭，我鼓起勇氣跨向溼滑的吊橋橋板，橋下的水滔滔如昨日，感覺就在腳底。我心想，若掉下去，就什麼都「沒了」，命如此單薄，身邊之物又有什麼好計較呢！黑熊野外調查至今二年又二個月，能讓我在進入尾聲之際有此醒悟，何嘗不是天外來的弦音。

我一步步小心翼翼地走著，一塊木板的鐵釘鬆了，我一腳踩空，驚魂未定之餘，趕緊把腳縮回。好不容易到了對岸，映入眼簾的卻是一道白茫茫的大瀑布，溪旁還有幾棵樹根朝天翻的大二葉松，面目猙獰如屍骨一般。平常這只是條小溪澗而已！望著這條白滔滔的巨流、一片片的崩塌地，以及柔腸寸斷的古道，回家的路將會比我想像困難。

第一次這麼喜歡收音機；夥伴們躺在床上聽阿郎的八點知音時間，它讓我們暫時忘了自己的難民身分，以及回家的路。目前為止，都還沒有聽到山羌叫、黃嘴角鴞及飛鼠的夜鳴或其他鳥鳴。除了有雨燕穿梭天際和來自海上的五位訪客之外，林子好像廢墟般，靜得出奇。還好夜間還有幾聲蟲鳴，但天上沒有星星……。

朝思暮想的「碧力思」

二十五日的天空終於出現一抹藍天，是上路的時候了。我們為原本僅需一至半天的行程（大分至新康），準備了三天的糧食，還有繩索、鋤頭、鋸子，以及平常下山不會攜帶的地圖。原先召喚我們至此的鐵桶陷阱，當然不背了。回家（山下的家）是唯一的路。

我們好像來到了一個完全陌生的地方，長期走出來的山徑，被東倒西歪的倒木、斷枝遮蓋，無法辨識。路況相當差，每一步都得聚精會神，真是如臨深淵，如履薄冰。一路上不時得披荊斬棘、鑽洞、溯河、爬倒木、攀岩，無所不用其極地過關斬將，不知道下一個難關又會在哪兒出現。到新康前的十號、九號橋還安在嗎？我們憑著方向感，穿梭於這滿佈屍骸、令人驚心動魄的森林。此時歸心似箭，只要想到踏出的每一步都會縮短與家的距離，就顧不得所有的阻斷，奮不顧身地咬緊牙根前行。好不容易爬上多美麗的稜線後，沿途將陷阱上的踏板收起來，打算就此結束積分為零的黑熊捕捉季。

下午兩點半，再下切一、二十公尺便回到多美麗的日據古道了。走在前面的夥伴忽然停下腳步，煜慧說：「學姐，有熊。」

我趕緊拭掉眼鏡上積聚的雨滴和霧水，看到正下方的古道有團黑影。半信半疑地躡手躡腳走下古道，確定果真是我們朝思暮想的一隻黑熊。和我們的落湯雞窘境相較，牠的毛色仍然乾燥閃亮，益顯尊貴，狀況看來十分好。我鬆了一口氣。也許是颱風豪雨過後，飢腸轆轆的牠疏於防範，或者是颱風吹散了殘留於陷阱附近的人味，讓牠誤判而失足。總之，地洞式陷阱最後還是奏效了。我們三個人就在熊的前面，興高采烈地握手歡呼，而牠似乎一點也不在乎，遠遠地在一旁試圖掙脫套在前腳上的套索。離開牠時，我們丟給牠一大塊醃豬肉。

這下得要趕回放置麻醉器材的新康營地，明天才能進行黑熊麻醉；另一方面也心急如焚，如果器材被颱風吹毀，麻煩就大了。

趕回新康營地已是天黑。又溼又餓的我們，趕緊檢查覆蓋在倒塌雨布下的器材。煜慧和我就在雨中抱著安然無事的個人日誌和野外紀錄，興奮地跳了起來；麻醉器材也都在。在雨中把雨布再拉架起來，勉強過個一晚應該沒問題。

二十六日一早，背起昨晚連夜準備好的麻醉器材，快馬加鞭往山裡走去，把下山回家的事暫時丟給明天。上午十一點，我們抵達現場，雨絲不斷輕輕地從臉頰拂過，四周已籠罩在雲霧飄渺間了。我帶著望遠鏡接近牠，看到套索完全套住整個腳掌。牠顯得有點緊張，朝著我衝了幾次，發出威嚇的吼叫，再跑回到固定鋼索的那棵山胡桃，爬到樹上，這是熊遇到危險時的典型反應之一。

部署麻醉任務後，我們三人趨前將牠包圍，牠的神色更惶恐了，一則想逃避這突如其來的緊迫，拚命地躲向遠處角落，但也多次撲向手持吹箭逐漸靠近的我們，大聲怒吼。不到十分鐘，兩支裝有四ＣＣ麻醉藥的針筒便戳在牠多肉的臀部上了，我們立刻撤退，等待麻醉藥發揮功效。再幾分鐘之後，牠已一動也不動地趴在地上，我們趕緊搭起雨布，掏出所有的麻醉器材，開始倒數計時的測量處理工作。

我原先估計牠約有九十公斤，但等到我和謝光明將牠奮力扛起時，才發現牠竟有一百一十公斤，創下我們捕捉的新高紀錄，我趕緊再補上一劑麻醉藥。牠是十分健壯結實的大公熊，體全長有一百六十公分，胸圍有一百零三公分，應該是隻成體（後來的齒痕估算為八至十一歲）。除了頭頂上有小塊爛瘡之外，身上沒有其他傷痕。我們替牠掛上人造衛星發報器，測量外部形態，植入晶片，抽血，收集毛髮及體外寄生蟲。最後與熊合抱照相，便算大功告成。

走回營地的路上，我們討論著牠的名字，決定為這隻在冥冥之中將我們從碧利斯颱風魔掌中救出的熊夥伴，命名「碧力思」，取其孔武有力又聰明之意。這後來成為唯一由我取名、非布農語的熊名字。

晚上九點，我剛在腰背上塗了「擦勞滅」痠疼軟膏，躺在睡袋裡盤算著明早下山的行程，此時，中廣的整點新聞在說完中正大學四名失蹤的登山學生已自行下山後，接著傳來「黑熊研究小組三人失蹤純屬誤傳！」因為收音機聲音很小，夥伴正準備就寢，他們對我的轉播內容大笑，半信半疑。大家睡意全失，等著接下來的十點新聞。這會兒我們一起聽到「三名黑熊調查員也確定沒有失蹤！」煜慧嚴肅地問：「學姐，搞不好是你早上打對講機給南安（遊客中心），他們收到你的訊號了。」我不這麼認為。今早八點，我在停機坪打手機到南安，並沒有回應，所以根本不知是否有人收到我的訊號，但我還是報告：「我們明天會下山！」

聽到自己平白無故被疑列為失蹤人口，感覺很奇怪。話說回來，台灣山區通訊不良，我們每次上山其實就算是「失蹤」了。事實上，此時也沒有人知道我們的實際下落，勉強稱得上是失蹤吧。已是災後第五日，我們也沒發現有人上來找我們，說不定是上山的路也塌了。我的心理負擔更重，暗自祈禱山下的親友不要聽到這則新聞（但我錯了！），同時更下定決心，無論如何也要突破重圍，把隊員平安帶下山。

躺在溼冷的黑暗裡，雨絲不時打在臉上。我們再一次回顧及討論二十二日颱風至今的行程，我想取得大夥的共識。大家同意，我們已經在不耽擱任何時間的狀況下，試著趕下山了。睡前，我再次說：「對不起，因為我的疏忽（沒帶收音機），才出此狀況……謝謝你們的支持與配合。」

歸鄉路迢迢

二十七日早晨五點二十分，天微昏，鳥未鳴，大家自動醒來，沒有人賴在睡袋裡。我們打理營地，怕溼及貴重的東西背下山，把垃圾分類裝袋、可以吃的收起來，再用雨布把營地所有的東西壓好。我在上路前，用防水紀錄紙寫了今天會下山的留言——或許會有搜索隊飛進來找我們。我暗自祈禱：「下山的路上，絕對不能出問題！」雖然心急如焚，但矢志三個人心手相連，預計今日走到瓦拉米。

這一路上盡是倒木及崩地，我們能鑽便鑽，能爬也爬，上上又下下。每跨一步所需的能量，因為負重及崎嶇的路面，而較平常多出了好幾倍。我走在前頭開路，頻頻想著何時可到家，但也說服自己不要去想會有救難的「海鷗」或「山青」出現，得自己突破重圍；也只有安住自己，其他的事及人才會順利。

每走一步，便更接近登山口，攜帶的食物和雨布也都足夠讓我們平安回家。心念及此，步伐就更穩健了。我咬緊牙關，試著欣賞著這一生應該很難再見到的奇景：迎風面的樹林只剩稀疏的葉片掛在禿枝上，殘破不堪；背風處的森林及山谷，益顯綠意盎然，整個山區放眼望去就像是黃綠兩色相嵌的拼圖。

七號工寮（新崗）前的棧道被沖掉了，河道被沖刷成四、五倍寬，我們勉強過河。原來半小時的腳程，這回整整花了二個小時。石洞的溪水雖然可以過人，但河床卻被沖低了三公尺，我們得用繩索及扣環，把二十幾公斤的大背包及人依次吊下去，三人再牽手渡河。遇到路坍，我們繞道；橋斷，我們渡河，沒有障礙可以阻止我們的腳步。

下午一點，正在我最擔心的二十三公里處崩壁的芒草叢中攀爬時，走在前頭的謝光明喊了一聲，我以為又是路不通了。隨後，聽到其他的人語，原來是玉管處的搜救小組。我們走到前方一處較平坦的地方，卸下裝備。我接過半個月以來的第一顆水果——香橙。

這已是搜救小組上山來的第三天了，不難想像該路難行，平常這只需一天半的腳程。我們看來一點也不像是狼狽的落難者，讓他們有些意外。黃精進說，他們有準備三個「裝屍袋」，他的玩笑是真的嚇著我了。他們看來比我們還興奮，爭先恐後地告訴我們，山下的人為了我們的失蹤有多緊張（這也是我的擔心之一）。

據他們說，二十五日海鷗直升機曾至瓦拉米地區搜尋，卻因為不諳地形而半途折返。當然，「海鷗」自此成他們心中很遜的代碼。玉管處自組搜索小組，派人砍上山來。原住民大哥們激動地說，他們已計畫，如果找不到我們，無論如何也要攻到大分。我為他們的義無反顧感動。大家輪流報告家裡的颱風災情。玉里的災情這回是台灣首最，山下斷水又沒電。聽說林大哥因上回帶隊，傷口處理不當導致小腿感染，所以許主任這回不讓他上山，他家的屋頂鐵皮被掀掉了幾塊；賴金德大哥在溪邊的水田則變成了砂田……。我發現自己其實沒啥災情。

接著往瓦拉米的路上，大哥們全遠遠地走在前頭，沒有人特別照料我們，我和煜慧相視而笑：沒有被搜救的感覺！我們仍是自己背著重裝，只是不用擔心前面的路況，危機意識至此解除。回家的路及時間不再是問號——真的不遠了！

瓦拉米到登山口的路上，正好是拉庫拉庫溪流域正面迎向碧利斯颱風路徑所在。這一帶的森林受到強風的侵噬就更明顯了，讓人不由自主的想起枯黃而稀疏的墾丁焚風林，突兀的樹梢上僅剩幾片零星的葉片苟延殘喘地飄盪著。我們即將回歸文明、回到人群裡，而這兒的野生動物們，才剛剛要面對劫後餘生的苦難。

二十八日下午三點半，我們一行人便回到玉管處南安管理站。管理站許主任在很高興我們平安回來，和我聊了一下之後，隨即忙著打電話，註銷營建署列管的「失蹤人口」紀錄。管理站員工及附近一些村民把我們團團圍住，為我們的歷劫歸來慶賀。就當我在為研究小隊讓大家擔心而深感抱歉時，我看到大哥一跛跛走過來。我給他一個擁抱，他的表情沉重而嚴肅，看起來好累，並沒有我預期的笑容。他只道：「平安就好，平安回來就好。」接著，他把我從喧鬧的人群裡拉開，走到玄關的水池旁，又抱了我一下，然後說：「我真的很擔心，原來是要颱風走了就上山的（找人），主任不讓我上山……。」說著說著，聲音變哽咽了，眼淚滑落臉頰，我也跟著落淚。我為這三年多來的患難交情沒有白搭而感動。

我可以感受到他這幾天的壓力是如此沉重，他睡不好、夢到我們。「我夢到你抱著我一直哭、一直哭……第二天，我又夢到煜慧，她回來找我，一直笑。我就知道你們沒事了。部落的人都問我，『熊爸爸，為什麼你沒有去山上找熊媽媽？』」無言以對的我，給了他一個感激而深情的擁抱。

林大哥說，今天是農曆七月鬼節的最後一天，待會兒我們得跟著他去拜拜還願。他在颱風後的第二天，便去廟壇為我們祈福。我們遂買了些水果到廟壇，師公拿著香柱在我們面前喃喃唸著，我赫然看到供桌上擺著我和煜慧的照片兩張。更不可思議的是，還是我和一隻被麻醉的大黑熊合照的照片！

林大哥不知道我們的生辰八字，所以拿照片替代了。他許的願靈驗了。

第十三章

六隻熊和三個臭皮匠

保存瀕危物種野外族群的存續，
才是保育的最終展望。
知道自己生長、根之所繫的這塊小島上，
也擁有傲人的動、植物及生態環境，
也有其他大陸所沒有的物種或生物歧異度，
何嘗不是一種驕傲。

13

時間｜2000.10.29—2000.11.18
地點｜大分
夥伴｜賴志節、謝光明

和山上的不便與風雨相較，在山下為了上山一趟所做的準備（包括人際關係的處理），無非是測試一個德智兼修的研究者的利器。

每值黑熊捕捉季，除了尋找願意和我長期待在山上的工作夥伴外，數月的糧食及裝備運補所需的直升機和其經費來源，就成了最傷腦筋的課題。此外，我也努力地學習在不隨流言起舞之下，如何明哲保身而不怨世嫉俗，繼續做該做的事；在研究經費拮据下，不要讓自己落入「見錢眼開」的勢利圈套裡。很多人關心瀕臨絕種的台灣黑熊，但是，媒體、民間團體有時則各有不同的興趣焦點與目的；少數人的私心和名利心的陷阱，有時比研究黑熊本身複雜得多。而且，這些都超出我瘋狂地只想做好研究的單純動機之外。

然而，我卻十分清楚，成功的黑熊或其他野生動物的保育，並不完全在於研究者為這物種在文獻上增添多少科學資料，社會的動員與參與更是關鍵。我不是一個社會運動者，也無意獨攬黑熊保育「捨我其誰」的重責大任，對「做保育，大家一起來」樂觀其成。研究過程中，我看到了一個不死心、不服輸的自己？一個野人獻曝的希望。

這信念，讓研究室裡數不盡的電話、傳真、公文的往返，變成了測試耐心的磨練。在認同及習慣了山上生活的不便與貧困之後，上山成了一種隱遁，心頭自有一份找到歸宿的安頓感。山上生存之道，是「盡人事，聽天命」，與山下相較純樸多了。

營地再度遭竊

新康營地和大分研究站，在碧利斯颱風之後，再度遭竊。現場一如上回被熊偷襲過般混亂，甚至發電機、灑水器、塑膠罐都留下熊的咬痕。還好，放在牆角內側的部分米糧沒被發現——山上珍貴的糧食，我們捨不得吃，沒想到，後來反而都貢獻了熊的胃。所有的塑膠置物箱都七零八落，熊把它們都打破了。這一回，熊似乎更大膽，還在床鋪底下休息。由現場幾堆盡是米粒和泡麵的新鮮黃色排遺和嘔吐痕來看，牠應該是這幾天才來的。不知是否與上回為同一竊賊？

才上山的第二晚（十月三十日），我便夢見了熊。

我在迂迴昏暗的山路上開車，看見兩兩成對的大、中、小體型共六隻熊，牠們身手矯健，如精靈般地跳躍於下方深谷的林梢間，就像宮崎駿卡通裡的「龍貓」一樣。我搖醒沉睡於身旁的志節（玉管處聘請的臨時研究助理）。居高臨下看，熊的背部有一個U字形的奇特白斑。我開車沿著溪谷跟隨牠們，路上遇到攝影小組，我們擦肩而過，沒有任何交談。來到一處像是出海口的地方，背景中的夕陽把天空、溪流都染成金黃一片，有點刺眼。在河岸、沙洲上，我看見更多移動的小黑影，都是熊。我想到要把陷阱搬來這裡，卻擔心沒有足夠的發報器可用……。

醒來，又是大雨不止的夜晚；我不敢動聲色，深怕夢境成空。

今年與颱風特別有緣，這已是野外調查遇到的第三個颱風了。屋漏偏逢連夜雨，半倒塌的「研究站」在碧利斯颱風的肆虐後，尚來不及完成整修復健，現在又逢「象神」光臨。能禁得起再一次的大風吹嗎？不怕雨多但怕風，衣服溼了可以再乾；房子倒下，就無處可歸了。這颱風與八月的碧利斯颱風相較，一點也不遜色，而且雨勢更大。我們照例做了屋頂的防颱補強工作。

下午，因為風雨增強，我們開始收拾逃難的東西，一如為碧利斯颱風的來訪所做準備一樣。雖然只是輕度颱風，但風未到，雨先來，真的是雨大則風小嗎？我們把三顆火石移入屋內，屋裡瀰漫著嗆人的煙味，但暖和多了。屋內因為堆滿了五個置物櫃、器材，還升了一堆火，後頭又積水成坑，裡頭的活動空間變得更小。收音機不斷傳來激增的累積雨量。我坐在火旁，泡了一壺茶，讀今天的第三篇有關日本黑熊的研究報告。

入夜之後，閃電、雷聲不斷，對岸崩壁的落石轟隆轟隆響。八點的一陣強風，把躺在床上聽收音機的光明及志節吹得立刻跳了起來。我們開始把逃難裝備裝入大塑膠袋。颱風明天才來，花蓮及宜蘭明天停止上班、上課，但是它的強度增強，已轉為中度颱風了，朝北北東的方向不變。危機意識隨風雨的增大而高漲，今晚有可能來真的，逃難的警鈴隨時會響。

這回我仍坐在同樣的床緣位置，但不是等待鐵皮被掀起，而是寫日誌。他二人不安地躺在床鋪上休息，或許是半睡半醒，等待風雨過去吧！我是「一回生，二回熟」了。

這樣拙劣的研究環境，能吸引多少人來此長期做研究？在台灣深山二、三年的野外研究洗禮之後，我不得不認為，唯有先將硬體等安全設施做好，長久的生態研究方得以持續；一如已經在宜蘭福山試驗林區，進展十年以上的森林生態系長期研究計畫。一九九四年，我在那兒做食蟹獴的行為生態研究，其他動物、植物、水文、土壤等各方面的研究資料都能結集，研究人員也可以交換經驗及資訊。

如今的黑熊研究工作，有如探險工作般，危險性不在話下，只有自求多福，但盼「天公疼傻人」。唯有經驗俱足及研究意志堅強的人，方得以承受所有野外的不確定性，這還不包括人事上的紛擾。我認為自己暫時算是過關了，卻對日後的野外黑熊研究前途感到黯淡。我並非期盼著一間物質供應齊全的研究站，只是，目前的野外研究實況將會是遏止後學跟進的阻力。在有關單位開始重視深山研究或野外黑熊的重要性與必要性之前，我能做的或許是吸引更多尚懷雄心壯志的後學參與，讓這樣一份超俗的研究精神及困難的工作得以接續。

晚上十點，雨竟然停了。取而代之的是暴漲溪水的轟隆巨響！

Sarvi，好久不見！

十一月二日，今天終於正式開工佈陷阱。託颱風之賜，現在架陷阱都不愁找不到木材，地上盡是斷枝殘幹。夥伴們主動而有默契地配合著，我負責掛餌及放踏板，光明收集架陷阱的木頭，志節則準備餌及我需要的小樹枝。我們一天內就架好了七個陷阱。

沿著大分營地的水源而上，因溪水暴漲，我們多半走在水路中。令人興奮的是，在水源上方的青剛櫟林裡，我們看到剛被熊折下的青剛櫟樹枝，還有一堆稀而溼的橄欖綠色排遺，大小僅有小拇指粗而已。這可能是一頭小熊。後來，我在附近又找到一坨大的熊排遺，樹上的爪痕有大也有小。這幾天無線電追蹤的訊號顯示，去年在大分捉到的唯一黑熊 Sarvi 正在這一區活動，是牠帶著幼熊在此覓食的痕跡嗎？斷掌的 Sarvi 無恙否？我很想見牠和牠的熊寶寶。

象神颱風才剛離開，另一個轉成中度的颱風也接踵而至。志節很擔心家裡即將收割的水稻會因水患遭殃，而傷了爸媽的心。山下的社會也好像一團亂，除了象神颱風的災情之外，還有新加坡航空墜機的善後處理，核四風波愈演愈烈，總統及行政院長的罷免，民眾至立法院示威；台灣的政治風暴餘波未平又再起。

十一月三日下午二點，我們三人楞在切下瀑布的坡上方，望著仍未消褪的溪水，我們無法渡水設陷阱。一會兒志節輕聲喊：「有熊。」我本以為可能又是驚鴻一瞥，那知那熊就在我們左前側十公尺不到的懸崖上，牠正走在一棵倒塌的二葉松上。可能因為我們居高臨下，牠沒看見我們。我們立即蹲下來，牠站起來趴在一棵青剛櫟樹幹上，似乎有意爬上樹。此時，我看到盪在牠頸上的人造衛星發報器，以及耳朵上橙色的耳標，脫口而出：「是Sarvi。」接著，牠改變心意似地朝我們的方向走過來，我把身子壓得更低，盤算著牠若真過來和我們打招呼，我們應該往哪兒退？牠往前走了幾步，走下倒木，然後左轉身切下離我前方約僅六、七公尺的步道上，慢條斯理地走向下方的小溪。我鬆了一口氣，看見牠那夾在臀間的粗短尾巴。牠不斷地發出一聲又一聲的「呼—呼—」，輕輕的吼聲像是在呼喚同伴。我努力地掃視四周，看看能否找到其他的熊或是小熊，卻沒看到。

當我伸手要掏出相機時，才發現中午回營地時把相機從背包裡拿出來了。此時只能暗嘆可惜，又是「莫非定律」，事情總是不按牌理出牌！但是，能夠這麼近又這麼久地欣賞這難得一景（至少有五分鐘），也已心滿意足。

牠在溪水洶湧的岸邊來回晃了一下，有些猶豫，看來是在判斷何處是安全的渡河點。牠從我們通常選擇渡河的淺水區，或游或走地爬上另一岸。溼透的牠，體型看起來格外地小；抖了一下溼漉漉的身子，牠接著像山羊一樣，不急不緩地爬上瀑布旁坡度大於八十度的懸崖，仍是不斷「呼─呼─」地喊著。

我掏出無線電追蹤器，天線指向七十五度的方位角，訊號強弱變化明顯，顯示牠的無線電發報器正常。

後來下山，我問指導教授及參考研究報告方知，這種叫聲通常只出現於母熊召喚或提醒小熊的注意力。這麼說來，牠可能是用此呼喚聲來尋找那走散的幼子。今年三至五月，人造衛星接收不到牠的無線電訊息，莫非牠躲在洞穴裡生子育幼？

有熊，還有更多的熊

鋒面加上颱風外圍環流，這幾天都是陰沉沉的天氣。連日的午後雷陣雨雖會沖淡氣味劑及餌的效力，但可以把人留在空氣中的味道都帶到泥土裡，對剛設的陷阱來說是好的。

十一月六日上午九點，對講機傳來志節急促的間斷訊息：「美秀……熊……。」

我們集合後回到該陷阱處，牠正慵懶地趴在自己挖掘的一個泥土坑上。我的靠近，牠不理不睬，也可能是掙扎累了。即使我和謝光明持吹箭靠近至牠二、三公尺的距離，反應也十分遲鈍，或者顯得不知所措。這是我做過最容易的一次麻醉。是隻七十公斤，體全長一五八公分的年輕公熊（估計七歲，上限十一歲）。牠左前肢的肘部內側有道裂開的爛瘡，我替牠噴上了消炎粉；中間的三根趾頭也不見了，又是獵人陷阱所害。

我先回到營地整理麻醉器材，夥伴二人繼續巡視其他的陷阱。謝光明回來後，見我便說：「別收（麻醉器材）了，還有一隻（熊）。」我以為他在開玩笑。

隔天一早（七日），我們出發去處理他倆口中十分凶猛的大熊。即使陰雨綿綿，牠的毛色仍是烏黑閃亮，散發著一股高傲威儀，是我見過最漂亮的。不過，牠顯然性情不佳，一發現我之後，便立刻朝我衝過來，發出巨吼。還好我有心理準備，否則難保不會魂飛、人墜山崖。

牠爬到陷阱旁的青剛櫟樹上，用牙齒啃斷比我手臂還粗的樹幹，如人啃甘蔗一樣。牠在宣洩不安與氣憤。那近百公斤的龐大身軀，就這麼在看來隨時會斷掉的小樹枝上，或爬或站或倒立。牠四隻腳靈活的配合，彈性十足的腳掌肉墊穩固地貼在或攀附在樹幹表面，展現了需要有高度平衡感的專業花式爬樹的功夫。這絕對不是缺了一隻前掌或幾根趾頭可以辦到的。

這是我們捕捉紀錄中最大的公熊，體全長一七四公分、九十公斤（年齡六歲，上限九歲），除了一顆右上犬齒斷裂，只剩磨平的基部之外，全身無恙。我們也替牠拓了巨大的石膏腳模。麻醉一個半小時之後，在還來不及和牠拍照留影前，牠的前肢出現了爬動的動作。我示意大家準備撤退，頗讓夥伴失望；但逃命要緊。

回營地的路上，遠遠看見位於營地水源上方的陷阱已夷為平地，卻沒見動物的影子。怎麼一回事？我們小心地走下坡、接近陷阱，生怕有熊隨時會衝出來。繫住套索的樹幹上滿是黑熊的爪痕，抬頭方見一熊正安靜地坐在樹上。牠正低頭看著我們。應該是今天才被捉到的，卻把套索拖到樹上去了，可能是因為套索鬆了。我第一次陷入麻醉黑熊的恐慌裡；我曾經聽過有熊把套索拖到樹上，最後被纏住而死在樹上的可怕故事。

下午四點的樹林裡，已經顯得有些昏暗。夥伴望著我，無聲地詢問該怎麼辦；我告訴自己：「穩住。」我請志節立刻衝下營地準備頭燈和繩索。打開剛使用過的麻醉箱，在散亂的器材裡翻出麻醉針頭，才發現針頭可能不夠用；我將麻醉藥裝入針筒內，但連續兩次都裝錯劑量。我穩不住了。今天若硬要在黑夜中上樹麻醉熊，難保不會出意外。牠的狀況看來很好，我們決定等到明天。

這一晚，捉到熊的沉重心情竟讓我無法入眠，輾轉地想著各種可行的安全樹上麻醉。

八日清晨六點，天未完全亮，我和志節便先前往觀察牠的狀況。牠仍是安靜地坐在原來的位置，我用望遠鏡看到套索纏繞在另一樹枝上一圈，限制了牠的活動。這對上樹麻醉者的安全，是最有利的一點。志節觀察後信心十足的說：「沒問題。」我答：「我也這麼認為。」也為他自告奮勇要上樹而感動。

我們扒過早飯後再回到陷阱。在志節背著吹箭爬上樹，像尺蠖蛾毛蟲般一伸一縮地接近熊時，我和光明在地上亂吼亂叫，以及敲打金屬吹管，試圖製造聲響分散牠對志節的注意力。牠仍朝志節吼了幾聲，但因無法大幅移動，志節很快地一口氣朝牠吹入了麻醉劑。熊倒後，我們立刻用地布把牠包裝起來，再用繩索吊下樹來。我們把這隻上樹的公熊取名為「Danhuhun」（布農語音，在樹上的意思）。這一回，夥伴們終於逮到時間和牠拍照留影了。

十一月九日，在往陷阱前不遠的步道上，我們看到了新的熊腳印及一坨排糞，上頭還有鮮紅的呂宋莢蒾果實；我們都打賭前面的陷阱裡會有熊。

鐵桶陷阱的門掉了下來，但怎麼一點聲音都沒有？我用登山杖敲打著鐵筒，仍無反應，透過小洞也沒看到什麼。光明提醒我，熊從放餌處由外至內把餌拖出吃掉了，那片蓋在餌上方用來伸手入洞裡換餌的鐵皮，已經稀爛。鐵桶翻倒，固定的鐵絲皆斷，位置也都移動了。

步道下方位於稜線的三個陷阱，餌也全被熊拖出來吃掉。最後，只剩下山坡最下面的一個陷阱，但我不抱希望，甚至有點不想走下去看。光明走前面，我聽到他的吆喝聲，知道有狀況了。

我倆趴在佈滿二葉松針的地上看熊，坡下方三、四十公尺的牠安靜地趴在陷阱的木頭上。當接近牠至四公尺多時，牠朝我大吼一聲，緊張地跑來跑去，也爬到樹上，但鋼索被木頭壓到，活動範圍很有限。有一段時間，我拿著望遠鏡和照相機在牠面前坐下，牠也安靜地趴在倒木上，好像很累。後來不知道什麼事驚擾了牠，牠開始用牙齒努力啃咬腳上的套索。是否牠曾有被獵人陷阱捕捉過的經驗？我趕緊丟給牠一塊肉，牠咬著那塊肉爬到樹上去，但爬不了一公尺又下來，站著用前掌把肉壓在樹幹上咬。後來我發現，牠根本咬不動那塊肉。咬了幾口瘦肉，最後牠把整塊帶肥肉的豬皮吞下。

麻醉處理時，我才發現牠的四顆大犬齒嚴重斷裂，只剩下磨平的粗短齒基而已，難怪牠咬不動肉。牠的左前足的外側四趾也全都不見了，果真是劫後餘生。牠重七十八公斤，體長一六七公分，雄性，取名「Lala」。牠並非一隻老熊呀（後來齒痕估計年齡五至六歲，上限十歲），但到底曾啃過什麼東西，以致牙損這般？

忙裡偷閒

今年來訪的黑熊比預期多，這讓我不太敢獨自去看陷阱，或讓隊員一人前往，尤其是在黑熊痕跡頻繁的山頭芒草原那一帶。雖然餌被吃光或陷阱又被破壞，但總是比去年一點動靜都沒有的慘況，要令人開心及鼓舞一些。

今天（十一日）三點便回營地了。這是上山二星期以來，第一次偷閒坐在駐在所石牆上，與對面的山、雲對白。一轉身，看到留守的志節正在劈柴，還有他背後破舊不堪的研究站，心中泛起一陣酸楚：我們應該配得上有間小木屋，可擋風遮雨防熊、有電力及空調——像在美國所見一樣。但這陋室之中，除了一股非常人能耐的堅持與研究鬥志外，什麼物質享受也沒有，最奢侈的是收音機。奇怪的是，大家好像都甘之如飴。

伙食全由志節包辦，他十分勤快也喜歡做菜，光明則是幫忙煮飯或是留意火候，這讓我的工作輕鬆不少。我們僅剩的一包米，是從地裡挖出的，因為兩個月的泥土溼氣而發酵，整袋米都溼答答的。米怎麼煮都像粥一樣，還有一股酒釀香。青菜只剩幾顆耐放的洋蔥、瓢瓜、地瓜、馬鈴薯和芋頭；綠色蔬菜則採野生的嫩蕨葉，燙水後再炒。除非斷糧，否則伙食未曾是我擔心的問題，我也從未聽過任何一個工作夥伴們抱怨伙食差，但是我為夥伴們得跟著我過清苦生活而難過自責。

我將六至十日收集的四份熊血採集瓶，泡在大臉盆的溪水裡，以減緩分解速度。眼睜睜地看著它們的顏色，由鮮紅轉暗再變紫黑（因不足的低溫保存而腐壞），實在心疼。我們沒有人力在每取得一份血樣之後，便立即送下山去做檢驗；如果處置妥當，這些資料將可以提供我們對野外黑熊的健康、生理及遺傳等方面的了解。好友祈偉廉獸醫曾向我提出一個「飛鴿傳血」的構想，裝著新鮮熊血的小試管綁在鴿子身上送回台北。我很喜歡這主意，只不過從未與賽鴿協會聯絡。如果有其他單位一起合作，在經費、器材、資料分析上，問題便較小了。

至今無線電追蹤，只測到去年捕捉的 Sarvi 的訊號而已。前年捕獲的六隻個體中，Gulu 的頸圈掉落已被撿回，Dalum 的穩定的訊號顯示牠的頸圈已掉落或死亡；其他的就音訊全無了，可能是頸圈沒有電力或脫落在某一收訊不良的深山角落裡，或者動物跑到超乎我們能偵測的範圍外。

這回的上山行程緊湊，我幾乎喘不過氣來。每次麻醉處理後，器材總都得花上二、三小時清點整理。這一季調查青剛櫟果實生產量的時間已經延誤，果子已經陸續掉落了。熊的活動模式也尚未找到時間監測。我們甚至還沒有機會出去四處探勘、搜尋熊糞，也來不及把被熊破壞的陷阱再設好。廚房仍覆蓋在倒塌的雨布之下，薪柴也快沒有了。現在，志節又因上樹麻醉熊而扭傷腳踝，行動不便。疲於奔命之餘，此時手中的一杯熱咖啡讓我心滿意足。

人腦與熊腦的對決

上山半個月內，捉到四隻熊；如今又開始面臨「餌被熊吃掉，但捉不到熊」的窘境。我們的餌肉只剩下二塊，如果陷阱上的餌再被動物吃掉的話，只能在陷阱插上「缺貨中」的牌子。熊吃餌的技術愈來愈高超，幾個陷阱三番兩頭被破壞，熊從前面、後面、左側、右側等不同位置切入得餌。還大大方方地在陷阱前留下牠的罪證——排糞，好像在挑釁我們拿牠沒輒的意味。不幸的是，這幾乎是事實，我的耐心也已耗盡。如此有經驗的熊，可能是曾經被我們捕捉過的個體，吃過麻醉的苦頭。這下我們雙方也算是扯平了。

十三號吊橋後的陷阱，已經失利五次以上了。這熊不大，來意甚堅，不在乎遮蓋在陷阱上的樹枝是新砍的、還是枯枝，牠將堆架的木頭扒開，再從縫鑽入取餌。無線電追蹤顯示，之前捕獲的個體並沒有在此區出沒，我也無法確認這是否為同一隻熊所為，雖然有的動物的確會有迷上吃餌的行為。要克服這問題，則得變化設餌方式，這是人腦與熊腦的對決。

只剩下最後兩個陷阱了。我不經意地走著，一轉彎後，看到一隻熊站在前面十公尺的步道上，安靜地望著我，我就差點兒撞著牠！最後，我們還是逮著牠了。這回倒是我先發現熊，以前常是我走前頭看不到熊，但只要謝光明走我前面，他就會發現熊。

我們丟下裝備，衝回營地背麻醉器材。這隻熊的麻醉過程十分順利快速，但後來卻出現四肢間歇性的抽搐，在打了一針抗過敏劑後就改善了。牠是隻年輕公熊（五、六歲），六十三公斤，體全長一六二公分，然而牠的左前掌的中間三趾都不見了。這已是捕獲的十三隻熊中，第八隻有斷肢的紀錄了。我愈來愈擔心這類虎口餘生的幸運兒，這樣的黑熊族群健康嗎？暫先不談台灣黑熊棲息地的破壞和縮減，非法狩獵對熊存續造成的威脅，看來也沒有漠視的餘地。

替牠打了一劑麻醉拮抗劑後，我們繼續去看最後一個陷阱。幾分鐘後，走在前頭的光明吆喝一聲（又有狀況了），嚇了我一跳。看來也是隻體型相當的熊，由於天候尚早，我決定今天完成麻醉，也不至於延誤行程。

哪知我把麻醉吹管放在上一個麻醉處理現場了，於是託他二人折回去取吹管，我則跑下稜線，做最後四站的青剛櫟結果量調查。等我再爬上步道時，卻沒見到他倆，於是也折回原先的陷阱那兒。原來那熊醒來之後，一直坐在原地，而吹管就位在牠的身後。夥伴向我聳了個對牠無可奈何的肩，牠正用前掌扒著脖子上的發報器。

我們離牠約四十公尺遠，大聲地發出吵雜的吆喝，牠抬頭看了我們一眼，又把注意力放回發報器上，無意離去。我們手拿樹枝（防身用），用力踏步朝牠前進，胡亂一通地揮手大喊，牠起初仍不為所動，後來就略拖著後腳匆忙地往步道另一側逃離。此時我也才理解，也許是牠後腳的麻醉藥效還沒徹底消失的緣故，心頭浮起一股對牠無禮的歉意；相信幾天之後，牠會適應發報器的存在。

第六隻熊的麻醉，從下午四點半開始吹箭，直到天黑六點才完成，還好測量多在天色尚明前完成。牠體型十分壯碩結實，八十四公斤，一六五公分（約五至六歲）。看來牠曾在陷阱上做過用力的掙扎，套索經扭轉而變形；還好工具箱裡有鉗子，但我們仍是費了好大的力氣才將套索鬆解。我很高興，我們今天立即做了處理，否則明天牠可能會扭斷套索逃脫，或是多受一晚的苦痛。野生動物除了沒有圈養動物的馴順之外，其麻醉處理更面臨了諸多無法預期的變數，野外的作業環境也沒有辦法像臨床的一應俱全。因此，一些臨床上可能用不到的工具，在野外有時便變成了關係動物和研究者安全的關鍵。不過，要全數背著這些裝備遊走山林中，可不是件輕鬆的事啊。

下午六點，林子裡已伸手不見五指，我們三個人只有一盞頭燈，小心翼翼地走回營地時已近八點。最興奮的莫過於是謝光明，他一心一意要打破大哥捕獲七隻熊的紀錄。志節則是因為第一次參與研究，便能和這麼多隻熊拍照留影而興奮。這是頭一回在一天內處理兩隻黑熊，大家都累歪了。

雖然我們鬥志未消，但我決定撤掉所有的陷阱準備下山，因為發報器已經用完了，令我掛心的血液樣本也必須儘快送下山。聽說十五日會有直升機飛進來，我打算問直升機教官是否願意讓我們搭便機？志節的腳傷，能否撐著走下山實在是個問題。三個人下山之後，空無一人的研究站，是不是在無法設防下，等待熊的大駕光臨？

十五日的太陽一如昨日大的出奇，但是一上午都沒有直升機的聲音。我們繼續第二天黑熊活動模式的監測。由訊號的強度得知，黑熊們大致仍停留在被捕獲的地點區域。熬夜聽三隻熊的活動模式發現，戴人造衛星發報器的 Danhuhun 又消失不見了，如同第一年的 Gulu 在捕捉一星期之後便消失無蹤。這幾天監測下來，發現結果與第一年同時期的活動模式有很大的差異，黑熊們有很多時間都不活動，是頸圈內震盪器的敏感度有問題嗎？

在等不到便機之下，我們十六日便出發往回家的路上了。因為有上回碧利斯的冒險經驗，所以即使象神颱風的豪雨沖出了更多的崩塌地、更深更廣的山溝和溪床，這次走起來，並沒啥驚天動地的感覺；相同的是那顆想下山的心。我們再一次走到天黑，方抵空蕩蕩的七號營地。

又是凍醒了。透過雨布，我看得出明月正在頭頂上。不久光明也醒了，說頭疼；志節也跟著醒來，找到手錶，說是五點不到。這是最近在山上的起床時間。我躲在睡袋裡，為下午即將回到人群而苦惱，無法再睡。一股複雜矛盾的情緒蔓延著……。

如果不只是博士論文呢？

若就博士論文，至此或許可畫下一個句點？現在已經捉到十四隻熊，國家公園管理處也會很高興，下一年度的黑熊研究計畫就更有希望了。

然而，我卻興奮不起來。一月中旬要回美國的機票已訂好，後續的研究諸事懸而未定，著實剪不斷，理還亂。我可以不在意極少數人對於我個人和研究的毀謗，因為愈多眼睛的監督會讓研究更嚴謹而扎實；但是行政單位方面，卻必須面對處理，我也沒理由不因應，這雖可砥礪了我的人格及鬥志，但我常懷疑一個人螳臂擋車又能撐多久（雖然背後有很多人的支持鼓勵）？繫放之後的黑熊要有人持續追蹤、收集資料，意義才大。否則，頂多只是因為捕捉而增添幾筆台灣黑熊的形質測量資料而已。但是，我卻不敢鼓勵任何人來從事這吃力不討好的無線電追蹤工作，那怕這是我最望眼欲穿的期待——有接棒的研究者。

沒有足夠的研究經費及支援，我仍是追不到行蹤不定的熊、聘不起同行的研究助理，瓶頸永遠突破不了。除非放下研究，到處去募款，但那又非我的興趣及專長；能不能募到錢還是個問題。有錢也不能解決所有問題，人是另一個根本問題！台灣深山的研究得靠群策群力的團隊方式才有效率，從不同角度切入，包括行為、棲地利用、族群分佈、遺傳、運動位移、生殖活動、食性、狩獵壓力及人文社經等。我無法單打獨鬥。

除了經濟發展之外，我們的政府及國人到底在乎什麼？大概沒有幾個人不認識澳洲來的無尾熊哈雷和派翠克；在台北木柵動物園工作的朋友告訴我，光是兩隻無尾熊一年的尤加利樹葉伙食費，就高達新台幣四百萬元（包括空運費用），這相當於五年台灣黑熊研究計畫的經費。在無尾熊熱潮過後，南極來的國王企鵝神威，再度席捲國人的芳心，各大媒體充斥著企鵝抱蛋的系列追蹤報導；後來蛋沒孵成，轉而陷入是「誰的錯」的口舌戰下。誰會是下一登場的媒體寵兒？最近又聽說，動物園在積極爭取全世界族群不超過一千頭的貓熊來台。美國的動物園目前有不到十隻的貓熊，動物園依契約每年要為一對貓熊付近百萬美元租金，做為推展中國大陸貓熊生態研究、教育及保護棲地的保育基金。全世界的奇珍異獸能在台灣輪流展示有其教育價值，然而台灣本土的珍獸呢？

保存瀕危物種野外族群的存續，才是保育的最終展望，昂貴的圈養復育只是一種助力或不得已的手段之一罷了，只可惜我們經常捨本逐末。在木柵動物園一枝獨秀之下，「國內唯一專責調查、研究、保育特有動植物及特殊生態系」的「台灣特有生物保育中心」也不甘示弱，努力為圈養的斷掌黑熊「小乖」譜戀曲，精挑細選找來高雄壽山的公熊配對，但懷孕的喜訊無疾而終。

動物園是動物保育的重要基石，尤其在教育宣導上更是鮮有人能及。企鵝及無尾熊對於從未謀面的我，也算是很稀奇，但我更想知道，和我腳踏同一塊土地、喝同樣水源的台灣野生動物的現況如何。如果把保育宣導的目標放在「放眼世界，小台灣」上，這超乎我的理解能力之外；再加上媒體的鼓譟，只是讓情況一發不可收拾。有多少人知道台灣有鼬獾、麝香貓、黃喉貂、食蟹獴這些稀有動物，或是牠們的長相為何？當然，也有人會說：「知道了，又如何？」

知道自己生長、根之所繫的這塊小島上（面積竟只有我就學的明尼蘇達州的五分之一），也擁有傲人的動、植物及生態環境，也有其他大陸所沒有的物種或生物歧異度，何嘗不是一種驕傲。每個人都嚮往鳥囀花香樹蔭的家園，也都或多或少關心所處的環境，然而「知而後行」，若不認識這片土地，從何談生態保育、捍衛斯土？

動物的生物資訊從何而來？答案是野外研究。在我進行台灣黑熊研究之前，只有台灣師範大學生物系王穎教授從事多年的黑熊野外族群分布調查，所累積的零星資料。動物的生態習性，隨著時間及地理環境的差異，有所不同。那怕美洲黑熊的研究報告成塔，和台灣黑熊同隸屬於亞洲黑熊的日本黑熊的研究也是急起直追，這些他鄉的黑熊的生物資訊都無法用來解釋生活在台灣島上黑熊的全貌。這就是自然令人讚嘆所在，也是生物保育重視的「歧異度」，小從基因庫、物種、生物群落，大至生態體系、生物適應環境，而展現出的各種獨特生命力。

為什麼台灣深山的大型野生動物研究（黑熊一例）乏人問津？如同生態保育之事一樣，「很困難」並不等於「不重要」，或是可以暫且置之不理。物種一旦消失，再做什麼都晚了！幾乎算是滅絕的野生台灣梅花鹿就是最好的例子，哪怕有關單位及學術界如何力挽狂瀾，近幾年來投資無數的人力、物資，復育的成效卻是十分有限；在圍籬之外，看到小鹿「斑比」奔馳於原野的畫面，仍是遙遙無期。我們也無從想像十七世紀荷蘭據台時期，每年出口十萬張鹿皮的盛況。台灣雲豹，在我們還來不及了解牠、累積任何科學資料之前，就行蹤杳然了；台灣黑熊的命運也會這樣嗎？

黑熊只是我們的一面鏡子

姑且不論野生動物研究資訊的匱乏。台灣地小人稠，交通方便之處多被開發殆盡，交通不便之處自然成了動物最後的避難所；但動物在這些名為「保護區」的庇護之下，真可高枕無憂嗎？還記得一九九七年夏天，為了尋找黑熊研究地點，我走訪專為保護黑熊及其棲地而成立的拉拉山自然保留區。設置的二十個餌食站，沒有任何熊的痕跡，也沒有發現新鮮的熊痕跡；在八福越嶺的山徑上，三個獵人持著獵槍迎面走來，這個動物避護所的想法就此徹底粉碎了。

此外，我們無線電追蹤黑熊的結果也顯示，黑熊活動範圍廣泛。個體的年活動範圍為二十七至二百平方公里，大者則近乎五分之一的玉山國家公園大小，有些個體甚至會移動至國家公園以外的地區。由此不難看出台灣的保護區狹小，很難對黑熊提供絕對的庇護作用，更何況許多地區都無適當的經營管理。例如，單是一個美國黃石國家公園（八百八十八萬七千公頃，大於八個玉山國家公園），面積就超過台灣所有分散各地的保護區總面積，研究顯示，它也無法徹底保障境內的棕熊，於是遂延伸出「生態走廊」的構想，將附近其他保護區連接成網。

下山的路上，我陷入如何向玉管處報告這樣一個豐碩的黑熊捕捉結果的苦思裡。我很擔心國家公園或媒體，會把此結果錯誤地詮釋為「台灣有很多黑熊」，或「政府的生態保育成果豐碩」等誇大而不實的說詞。然而，這捕獲數目（此行的六隻，或累計的十四隻熊）的意義在哪裡？如同在野生動物的經營管理上，最常被問到問題是：「多少（隻）才算多？」更何況，我們連玉山國家公園境內實際的黑熊族群有多少，都不知道。

在現今非法狩獵活動仍然猖獗的國家公園外圍及周邊區域，熊的存續壓力又如何？台灣山區像大分這樣之於熊的地點，到底有多少？這些地方受到適當的保護了嗎？今年的黑熊捕捉繫放結果是平常，抑或是異常狀況？比如去年只捉到一隻母熊，而這一次都捉到公熊？對一個研究者而言，如果真有心要了解一個物種，一個研究結果通常意味更多問題的延伸，像滾雪球一樣，愈滾愈大。人對自然所知真的很有限！

我很欣慰，研究期間所接觸的大多數人，都表現出對野外黑熊研究及族群現況的關心。但是，在行動上，對於被列為瀕臨絕種的台灣黑熊而言，我卻不知道我們還在遲疑什麼？一位朋友不知是挖苦還是安慰我說：「經濟不景氣嘛！很多研究計畫都被砍了，你的熊計畫只是錢變少了而已。」什麼時候才算是景氣呢？如果我們追求無止無盡的經貿發展，在自然環境不斷被腐蝕的過程中，我們永遠沒有時間去嚴肅慮及大環境品質這個議題，因為景氣是永遠追求不完的。

黑熊，或許只是我們的一面鏡子罷了！

第十四章

曲終人將散

我坐在二葉松樹上發呆，
看著下方的駐在所遺址、研究站工寮、
洗澡間、曬衣架、熊旗、無線電追蹤天線、
對岸的好漢坡、整個闊闊斯溪溪谷。
廣角鏡頭也裝不下眼前此景。
這一走，何時會再回來呢？

14

時間｜2000.11.29—2000.12.20
地點｜大分、塔達芬
夥伴｜林淵源、謝光明、賴志節

熊在我們下山不到兩星期的期間內，在大分地區十分活躍。十一月二十九日下午，爬上山頭的路上，我們便收集了新舊程度不一的五十四堆熊排糞，被熊折落的青剛櫟樹枝也隨處可見。

傍晚五點設好陷阱後，回營地的路上，走在前頭的志節和光明便在營地水源處，聽到熊的吼叫聲，也看到牠的鬼魅般身影。林子裡，其他的動物也十分活絡。看來，大家全都趕上了今年大分的「旺季」。

晚上九點四十五分，剛熄燈不久，正準備享受這最後一趟野外調查的第一晚清夢，突然從營地西北方的山坡傳來一陣動物打鬥時發出的響亮嘶吼；冬夜裡，聽來格外令人毛骨悚然，大夥立刻驚醒，至少有兩隻熊在離營地不到二百公尺遠的水源附近。我第一次聽到如此嚇人的熊叫聲。

幾分鐘之後，在神經還來不及平復之前，又聽到有大型動物踩到苗圃鐵皮的震耳聲響，我還來不及從睡袋裡坐起，就直覺地大吼，志節和大哥也隨著喊叫，我們加起來的吼叫聲，幾乎足以把原本就快倒塌的工寮給震垮。烏漆的營地頓時亮了起來，我拿起山刀，志節也拿著頭燈跟上我，我倆衝出屋外，朝著屋後山坡地的芒草林大吼。大哥已經在營地前面升起一堆火，熊熊烈火像是營火晚會一樣，只不過氣氛是大敵當前。如果熊真的靠近我們怎麼辦？難道熊在幾次人去營空的成功偷襲行動之後，嚐盡甜頭，真把營地當成是餐廳不成？我們的武器只有山刀和幾顆大龍炮，黑夜裡我們又能往何處跑？

我們放了兩個大龍炮，也把竹筒放在火上燒，一聲聲爆破黑夜的寂靜，深邃空曠的山谷裡傳來我們製造的特殊音效。

三度落網的「大耳朵」

我和大哥去巡視陷阱，想不出來為什麼有兩個陷阱，熊被套索套住之後仍可輕易地掙脫？套索上還留下幾根熊毛。

昨天我們興奮地背著麻醉器材，準備去麻醉一隻被志節發現在陷阱上的小熊。當我們抵現場之後，除了牠留在樹幹上的小爪痕之外，熊蹤已杳。這熊看來不大，陷阱圍木沒被嚴重破壞，只不過幾根覆蓋在陷阱兩側或上側的木頭倒了而已。由於套索被彈起縮緊後，直徑仍大於五公分，所以遇到四肢較細的個體時，動物仍可脫逃。這也許是小熊得以逃脫的原因。

林子裡仍然出現了新的熊折枝，但今天的九個陷阱都沒有成績，只剩下最後一個擺在營地上方的鐵桶陷阱。我安靜地走在後頭，左右觀望尋找熊跡，不敢和大哥多聊陷阱捉熊的事，生怕「話講在前頭」，就不靈了。我發現布農族的某些文化元素，已經在這段與熊及原住民結緣的過程裡，不知不覺沁入我體內。同時也是因為不想因說錯話而惹大哥生氣，或必須為一句失言而扛起捕捉失利的黑鍋。

鐵桶放在一倒塌的石板屋遺址上，大哥在陷阱前十公尺處停下來，又走回頭告訴我：「門掉下來了。」我趕忙向前跨一大步越過他，鐵籠仍是安靜無聲。我看不清楚烏漆抹黑的籠內，遂用登山杖敲了鐵桶幾聲，仍是沒反應。我低下頭，透過縫隙仔細往裡瞧，看見一雙小小亮亮的眼珠子正望著我，深邃空洞像水晶一樣，牠也在讀我。我再前傾，看見了牠圓圓的大耳朵，是熊。

這是我們第一次用鐵桶捉到熊。牠安靜地趴在籠裡，把溼答答的鼻子伸出鐵桶上的小洞，不斷地朝空嗅聞。籠裡的黑暗應該會讓牠覺得安全，或者牠還不知人間險惡。同時，鐵籠的確讓我們覺得安全，不用赤裸裸地和熊正面相對，那怕牠只是一頭小熊。不過，得提防附近會有母熊出現。

麻醉後，把牠從鐵桶裡拖出來，我們都湊身去撫摸這隻我們看過最小、最文靜的熊。牠是隻三十三公斤的公熊，長得簡直就像頭小狗一般，難怪俗稱「狗熊」。牠有一口潔淨而白晰的牙齒，下側的前臼齒旁，還有冒出的小牙齒（恆齒），僅約半顆米粒的大小，看來牠正在換牙，值一至二歲當兒。胸前V字形斑的顏色較一般成體熊為白，在經樹縫灑下的陽光照耀下，閃閃發光。相對於牠那渾圓的小頭顱，牠的耳朵（十公分）幾乎和成體一般大，有些滑稽；我們一致叫牠「大耳朵」，是繼大熊「碧力思」後，不是依照布農語命名的熊夥伴。看著安詳昏睡中的牠，我按捺住一股想擁牠入懷的衝動，想起放在高雄縣政府冷凍庫裡和牠大小相當的四隻小腳掌。

這回，在山下經繁複的作業及聯繫之後，攜帶了一個新的人造衛星發報器上山，所以期盼著一隻可以掛上此發報器的熊，完成此行的最主要目標。發報器的重量雖然是在牠體重的容許範圍內（約五%上限），且發報器在一、二年後會因日曬雨淋及動物施加的壓力而斷落，但我擔心如果牠成長特別快速，頸圈又未能適時脫落，恐怕會對牠造成傷害。所以沒有給牠戴上發報器。

遲疑地放走「大耳朵」之後，接下來幾天陷阱仍被小熊光顧。餌被吃光卻是一隻熊也沒捉到。我不得不懷疑都是牠的傑作，畢竟這技巧也需要經驗。好幾個陷阱踏板都彈起來了，我癱坐在地上，向志節說「好累！」仍耐著性子再設好陷阱，因為最後的目標是一隻夠大的熊，可以掛上人造衛星發報器。就是這個樣子，在快受不了時，仍得設法「穩住」。

五天之後，「大耳朵」再一次被套腳式陷阱捉住，成了我們三年黑熊捕捉繫放過程中，唯一重複捕獲的紀錄。牠看來並沒有在被捕後做太激烈的掙扎，陷阱上架起的樹枝仍穩固地立在牠身旁。一群小黑蚊圍著牠打轉，牠頭低低地坐在陷阱前面，眼神十分無辜。哀怨的模樣，讓我覺得對不住牠，得再讓牠挨一針。所謂「初生之犢不畏虎」，四天之後，牠又落網了；這回，索性安靜地等著我們還牠自由，陷阱幾乎完好如初。

像山一樣深邃的大哥

十二月十三日寒流來襲，遠方的山頭又浸於雲霧飄渺間。

工寮的炊煙再起，志節又開始張羅早餐了；如他所言，在山上，手怎麼洗都是黑的，還好沒人在意。這個捕捉季，我很幸福，不用擔心下一餐要煮什麼菜，志節幾乎一手包辦。另外，也許也是因為我的腳步放緩了，不會急著在露水還沒乾時，催大家上路幹活去，自然也不用趕忙早起煮飯。但我照常於天明之前便起，原因不外乎是被凍醒，還有受屋外晨曦的魔力召喚。如此，也有時間面山冥思、曬太陽打坐、寫完上頭還印有昨晚打瞌睡時滴下的口水的紀錄、看書、欣賞太陽升上好漢坡山頭的萬丈光芒。這兒的步調就和遠古的人們差不多，和步調失控的紙醉金迷的文明世界相較，猶如不同星球。

大哥一早便準備了一碗飯菜，放在祭壇前，燒香祭拜。他面有愁色，說夢見他爸爸打他、訓他不認真工作，並替他準備好了工作用的刀子等工具。對於這個所謂不好的夢，他耿耿於懷，努力想著自己可能犯的錯，是之前去以西路探勘時，沒有餵（祭拜）那兒的好兄弟或祖先嗎？還是昨天移置鐵桶陷阱的地點是以前祖先祭祀的地方，不吉利？他也十分憂心山下的家裡會出狀況。

大哥是個很特別的典型，兼具傳統與現代，讓我看到了現代原住民的一些迷思。比如，他在國家公園工管理處工作，「土地是國家公園的，但山是原住民的故鄉」的衝突潛伏著。令人欣喜的是，他仍是安身立命、快活地過著自己的生活。我認為只有在山上或在老人群裡，他的生命力才得以盡情地展現，毫無保留；他自己也很清楚這點。當然他也有不欣賞的人，但絕少有直接的批評，我只能由他說的一些故事或事實的陳述，略窺他的好惡。這種如山的包容力，是我最敬佩的地方。

在山上，他的話對其他原住民具有十分的權威性。他說：「以前的老人說『話多不好』。說話的人笨，聽話的人聰明。」我問為什麼？因為後者像海綿一樣，把別人的經驗吸收了。他送我一句他父親給他的話：「出社會要靠自己。」我一直記得。還好，我倆仍有相通的特質，就像他說的「到了山上，人就活了起來」，所以我們有點英雄惜英雄，包括黑熊。

然而，有些事情我也搞不明白。最近我們常談起以後的黑熊研究，他說如果明年沒有出差費，他就不要上山支援野外調查了。上山危險辛苦、沒有出差加給不說，還要離家棄子。對於「一人飽即全家飽」的我而言，這是我無法了解的壓力吧！我沒把對他的沮喪掛在臉上，我清楚他對於我個人及野外黑熊研究的重要性，卻不了解黑熊研究對他的真正意義為何？

除了黑熊之外，大哥及其他我曾接觸的原住民，是我從事黑熊研究時的一面鏡子，也深刻地影響我的人生觀。最重要的發現莫過於：我習以為常的漢族價值認知系統，以及一個研究學者的主流姿態去衡量、解釋外界環境，多少是有些學者所指的「我族中心主義」；一種對不同族群的刻板印象，以自己的民族為中心去看世界。起初，我謹慎提醒自己，要用平常心去包容各種不同型態的生命展現，但每逢意見相左時，我便可感覺這種不安、心虛的自我中心主義在鑽動著。

我倆的關係慢慢在長期合作和屢經風雨之後，累積出信賴與了解。我們在各擁不同文化背景的認知下，彼此學會在有衝突時，相互尊重、包容，各讓一步，那怕有時那份不了解仍是存在著。這或許也是他後來會陪我探勘差點讓我喪命的塔達芬溪溪谷的原因。

何日會再回來呢？

就此季多次的目擊熊紀錄來看，今年大分的青剛櫟結果季，我估計可能至少有十隻黑熊來到大分地區覓食，光是熊排遺便收集了三百坨以上。然而今年秋季，青剛櫟結果集中於大分研究站附近約二、三平方公里的一小塊區域而已，其他地區則受颱風肆虐及植物自然結果週期的影響，黑熊的植物性食物（包括其他種類的堅果及漿果）嚴重缺乏，可能是導致黑熊密集出現於大分的主因。

相對地，去年此時發現最多熊痕跡的南側以西路，此季則十分冷清。為該處優勢樹種的狹葉櫟以及山胡桃，今年結果量都十分差，也沒發現熊的蹤影。植物結果量的豐欠年變化，受到物種、樹株、遺傳、棲地環境、地理、天候等複雜因素影響，也連帶影響到其他動物的活動。為了探討這些植物的開花、結果等生長週期的變動，可能對黑熊覓食活動的影響，當我設法蒐集此地黑熊秋季常吃的青剛櫟及狹葉櫟的物候學文獻資料，並請教台灣林業試驗所的植物專家時，方才發現這方面資料一如熊一樣付之闕如。我們對於台灣單一動物或植物種類的基本了解，仍十分有限。生態系的整體經營管理目標，還有很長的路要走。

巡陷阱時，我們變得十分機警，有時會聽到熊渾厚的叫聲，或看到爬樹、走路的熊，沒有看見耳標，全是沒有捕獲過的新個體。也有人看到母熊帶小熊。前幾天，志節和光明還看到一隻無耳標、體型與「大耳朵」相當的小熊，在樹上吃青剛櫟，隨後頭下尾上地直接走下傾斜近乎七十度的樹幹；這與一般熊屁股朝下，和人相似的下樹方法不同，很新奇。

然而，這些造訪大分的客人並沒有久留，畢竟僧（熊）多粥（櫟）少。自十二月五日以來，無線電追蹤就再也收不到任何黑熊的訊號了。這和第一年繫放的黑熊，從十月至一月初滯留大分很不相同。此時，枝上青剛櫟堅果也落的差不多，但地上可見的落果卻不多，落地後似乎很快地就會被其他動物吃下肚。林子裡，看不出除了幾片青草之外，還有多少好吃的。除了「熊去林空」的感覺外，也愈來愈不易發現新的熊痕跡；我們的肉餌、蜂蜜也都用光了，待在山上的時間正式進入倒數階段，但我仍期盼著一隻可讓小隊收工的大熊。還有必要熬下去嗎？

十二月十六日，大家都想下山了！志節思念著未婚妻，還有父親在山上的承包工程；大哥家有妻小，造林地的草也還沒砍完；最無憂慮的則是仍打光棍的謝光明，他上山強身又可領出差費。我又夢到回美國明尼蘇達，尋找那個「減不斷理還亂」的情結。除了熊之外，我純粹是捨不得下山，因為明尼蘇達州沒有山；好想一口氣把山上的精華都吸入肚內，將風情萬種的山色打包帶走。

原本預計十五日下山，大哥仍一秉「大家一起上山，一起下山」的一貫原則，但他看得出我對山和研究的不捨及難纏的固執。在幾番討論之後，最終還是同意和我一起走，延至十九日下山。

趁著中午豔陽天，我洗頭、洗澡、洗衣、拍照，一捲底片就把大分營地的種種給收回家，還嫌不夠。夥伴三人在吃點東西後，就全躲回睡袋去了。下午四點的山上，只有溪水聲，還有遠方不知何處會隨時傳出的鳥鳴和羌叫。我背著相機、筆記本，爬上營地上坡台階地，即第一次捉到「大耳朵」的地點。坐在二葉松樹上發呆，看著下方的駐在所遺址、研究站工寮、洗澡間、曬衣架、熊旗、無線電追蹤天線、對岸的好漢坡、整個闊闊斯溪溪谷。廣角鏡頭也裝不下眼前此景。這一走，何時會再回來呢？

生死一瞬間

除了利用直升機追蹤外，我不知要到哪兒去找熊？無線電追蹤顯示，熊又如同第一年，在果落食物稀的時候離開大分。我提議到大分北側的塔達芬溪溪谷，一則在那兒測試無線電追蹤，看看熊是否往那邊跑，同時探勘這地區黑熊出沒的狀況。對於此行程，大哥起先有點不願意，後來還是拗不過我。

十八日早上九點半，我們從古道下切溪谷。走不到百公尺，便見幾棵青剛櫟樹枝被熊嚴重破壞，樹下有看似三、四星期之久的熊排糞，上頭有未消化的山羊毛和皮。這一帶仍是二葉松和青剛櫟優勢的森林，坡向朝北，而大分坡面東，但這兒青剛櫟的結果狀況很差，之後就沒有發現熊的活動痕跡了。倒是水鹿的痕跡豐富，就如以前探勘的結果一樣；在一處湧泉附近，我們還聽到水鹿的長鳴聲。

我拿出 GPS 定出所在位置（E25997、2589.08N），無線電追蹤沒有偵測到任何訊號。大哥則到處走走看看。這兒水鹿痕跡頻繁，他尋找鹿徑，好運的話，也可找到鹿角。看著山稜走向，他比手劃腳告訴我要如何布局追水鹿，哪兒可以派人埋伏，哪裡可釋放獵狗追鹿……，聽起來好像他明天就準備帶一批人馬，來此圍剿一樣。這是種「職業病」，一如我在完成碩士論文之後，每每經過溪床流域時，便會想著這兒是否會有食蟹獴出沒，以及要如何在這種地方做無線電追蹤一樣。

順著水鹿的路徑，我們切上一條窄稜，也就是大哥所謂「百分之百水鹿一定會經過的地方」。因為山稜二側皆是陡峭的懸崖、崩地，動物當然也別無選擇。我「哇」一聲，在這據點竟然可以看到清朗渾圓的都都曼（布農語音 Duduman）山頭，以及下方米亞桑布農舊部落。重巒疊翠之前，還有一匹如白布的瀑布，在米亞桑部落前飛瀉而下，長度少說也有五十公尺，瀑布底下是一池湛藍的水池，像藍寶石一般閃亮。是因為與世隔離，所以更為深邃吧！我為在結束研究之前，還可在太陽高高照當頭，一睹驚為天人的米亞桑溪瀑布而竊喜，一切的辛苦到此時都值得。竟然有這麼美的地方！

都都曼，布農語是「熊很多」的意思，海拔約二千五百公尺，山頭時常雲霧繚繞。為何熊多？大哥輕描淡寫地說「森林很多」，但仍是沒有測到熊的訊號。切上古道後，在前往一小段路便是塔達芬駐在所，但因古道上盡是倒木、高草、落石，不容易走，我們即不再往前挺進，轉向回營地的方向走。

下午兩點半，我們停在一片近乎垂直的崩壁前。崩壁從山頂崩到看不見底的山谷裡；經幾次的颱風沖刷後，更顯突兀陡峭，不時仍有幾顆石頭從山頭滾落下來。坡壁上沒有任何路徑，甚至不見山羊腳印，更顯荒涼、恐怖。大哥看落石暫時停止，提示我可以通過了，並要我注意落石，不能只顧著往前走。我不敢大意地走在他後頭，與他保持約三公尺的距離。遇不好走的地方，他會用砍草刀挖個洞，好讓腳有地方踩。除了風聲之外，四周安靜到可以聽到自己的心跳聲。

崩壁寬約二十公尺，好像在通過至崩壁三分之二之處，我聽到落石的聲音。抬頭看到了幾顆石子，從山頂處朝我倆之間滾下來。大哥連忙往前跑，我則往後跑，心想著只要遠離落石的掃射距離即可，不用緊張。我跑了幾公尺，心想這距離應該差不多了，朝左一抬頭，卻猛然看到眼前一、二公尺遠的一顆十幾公分大的石頭，還有一些小碎石，朝我正面撲來。我即刻本能地將身子再向左側轉，盼能避開，但那大石仍是重重地擊中我的左腰。可能是因為衝擊力太大了，我整個人被推了出去，好像飛了起來。人落地之後，滾了兩圈，便往下滑。那坡很陡，我的手不斷扒抓崩壁，但每一抓，碎石子便被我抓掉了，根本找不到可以固定的地方，只稍減緩我下滑的速度。我隱約聽見大哥喊：「美秀！美秀！」第一次聽到他那麼慌張的聲音。

後來，我終於攀住石縫，用腳不斷地踢、踏著垂直的山壁，希望能夠踢出或踩到一個著力點。落石滾完後，大哥跑向我，用雙手拉住整個趴在岩壁上的我。此時，只要他一放手，我便會像自由落體，落入不見底的谷裡。我的腳仍是猛力地往山壁上踢，但碎石片在每一踢之後便掉了；大哥遞給我他砍來的手杖，我卻因在垂直的山壁上找不到可以支撐的點，遂把手杖丟掉。後來，我看到他蹲著的雙腳，因為在陡坡上支撐他自己及我的重量而顫抖。我開始害怕把他拖下來，他還有家及小孩。我想著是否該開口叫他放手？

我咬緊牙關，不斷用右腳猛踢，左腳已無法使力。在我幾乎要放棄之時，低頭看見腳底下面，有一處稍平看似可以著地之處？可能是被我踢落的鬆土堆積所致。我要大哥鬆手，讓我在那兒著陸。踩住那片救命小土堆後，在往下跨一、二步便是個小山凹，我蹚在那兒，抱著疼痛的左腰。大哥隨即退回到步道，因為石頭又開始落了。我緊貼著山壁，祈禱石頭不要再砸到我。回歸安靜之後，我伸手向大哥示意沒問題。他等落石完全停止了，回過頭來幫我拿背包，找到我的眼鏡、斷掉的腰包，然後一步一步挖腳可踏的坑洞，讓我遠離這個差點喪命的地方。

回營地的路上，我們順道撤掉營地北側的所有陷阱，一路上靜默不語。大哥走在前面，我一步步地在後頭跟著，每一步都從左鼠蹊部傳來一陣痛。回到營地時，已是下午五點半，這路程比平常要多出一、二倍的時間。我將沾滿沙土的手、臉洗淨，上了一柱香；大哥則煮了一大盆水洗澡。

這晚，我們都沒提起落石的事。

但盼天佑，你們都安好！

十二月十九日，下山前的最後一天，我們撤除了所有陷阱、收拾營地、挖洞埋東西、燒垃圾。因為要下山，把一些會腐壞的菜全拿出來煮。豐盛的晚餐前，我們卻先喝湯、輪杯喝米酒。酒精在飯還沒扒入口之前便發揮作用了。此時，我們終於談起昨天下午的意外。

大哥先開口了。他說，昨晚都沒睡好，不斷地想著我的意外。他擔心若我真的出狀況，很多人（記者）會問他，他要怎麼解釋。他說我被石頭打到之後，往下翻滾了二圈，這一滑也有十公尺。他認為我會被石頭打到，是因為我的夢不好；更重要的是，因為我上山前便預定於十五日下山，往後延期不好，這是布農族的禁忌。以前上山打獵前，獵人會與家人約定好日期，該下山時就得下山。若延一、二天下山，家人擔心便會上山去找人；有他人懸念，獵人諸事就會不順、打獵也無收獲。他也把我的意外訴諸冥冥，「米亞桑那邊很少人去，那邊的眾生（冥界）就會很黑、很厲害。人若去那邊，會受影響。」「我拉住你時，起先喊『好兄弟』，他們人很多嘛，但沒用。後來實在快撐不住了，一直喊我的爸爸（已去世），他認識這兒的兄弟，會叫大家一起來幫忙。」

我一點也不意外他的邏輯系統，雖不完全苟同，卻對他的捨命搭救而不知如何言謝，語言此時變成很拙劣的溝通工具。下山後，好幾個布農族朋友才告訴我，他們相信「工作在接近完工時，人很容易發生意外」。我認為很有道理，因為成功在即之時，最容易喪失平日的謹慎，掉以輕心就容易出錯。無論如何，這一次算是命大或者運好吧！沒想到在研究即將結束之際，會出了這樣一次驚心動魄的意外，也算是紀念，抑或是注定中的玩笑。用這個讓人魂飛魄散的意外做為研究告一段落的句點，我把它當成是老天給我的警惕。

此刻，我把自己人生最精華的年歲，毫無保留地留給了蠻荒、黑熊、原住民和自己（孤寂），可以死而無憾了。經過這次意外，最終能全身而退，讓我還多了一份信心、豁達，與獨立面對未知的勇氣。明天，我又將回歸文明，再不久便回到隻身一人的美國，完成論文最後一關。

然而，山上的黑熊可否能如我一般幸運地全身而退？但求天佑。

後記

重返有熊國

大分的山居逐熊歲月，可說是我人生中一段最驚心動魄的時光。另一方面，這些歷練也造就了我後來在保育專業領域上所需的視野、韌性和達觀。

野外收集研究資料的階段性任務完成之後，我在二〇〇一年一月回到美國明尼蘇達州撰寫博士論文，透過冗長的資料分析和科學論文寫作的過程，逐漸地將零碎的資料轉化為一篇篇賦予意義的完整故事。雖沒有野外研究過程的高潮迭起，但指導教授大衛（David Garshelis）和我自己對論文的嚴格要求，近乎閉關的沈寂寫作過程反成為另一種耐力訓練。另一方面，長期協助野外調查的志工吳煜慧則接續大分黑熊的無線電追蹤，做為她碩士論文的題材。她的投入給了我些許「後繼有人」的安慰劑，藥效雖然只是一時，但卻足以讓我無後顧之憂地專心寫完畢業論文。

今年（二〇一二年）三月底，趁舉辦台灣黑熊保育行動綱領研討會之便，我邀請前指導教授大衛來台灣。任職於美國明州自然資源部的大衛，同時也義務性擔任國際自然保育聯盟（IUCN）熊類專家群組的主席，這是國際上歷史最悠久、規模最大的全球環境保護系統組織，致力於尋找解決當前迫切的環境和發展問題的實用方式。他利用三十年來所涵養的熊類專業經驗和知識，提供世界各地熊類保育和研究所需的諮詢意見，尤其是積極鼓舞開發中國家致力於熊類保育。累積了十六年黑熊研究經驗的我，則效法他「保育無國界」的服務精神，被推舉擔任亞洲黑熊專家小組的共同主席。閒聊中，他問我為何這些年不再捉熊了。他不是第一個這麼問的人，我有點心虛地解釋了一些理由：不是我不希望，而是考量到整體環境的資源限制，以及瀕危動物保育研究的優先順位。聽完我的解釋，他心有所思地說：「也許你變聰明（smart）了。」

真正的答案當然沒那麼簡單。回國九年期間，捉捕和無線電追蹤黑熊的研究活動全面暫停。一則是博士論文研究讓我了解到，台灣黑熊的保育問題比我當初可以想像的更嚴重，有必要即時採取一些保育行動，包括讓政府及更多人更正視和關注此議題，不能只是單純地收集生物學的研究資料而已。另一方面，或許也是因為我不敢積極鼓勵學生或研究助理去過那樣的日子；一則是擔心他們的安危，二則是不確定他們是否熬得過去。有時，我不免懷疑自己，那段時間的勇氣和衝勁，是否隨著安逸的教職生活而日漸消逝？

大武山下的「熊窟」

當初，從事台灣黑熊研究的理由很簡單，純粹是因為個人博士學位的追求，希望藉由師法良師以及具有某種挑戰程度的研究主題，為能縱橫山林間從事研究的生涯規劃鋪路。所以，當心儀的指導教授（大衛）提出台灣黑熊的研究題目之後，我的尋熊之旅便隨即展開。畢業之後，階段性的任務算是完成了，我選擇繼續隻身走在熊徑上，尋熊度日，卻有著與當初截然不同的理由。

二〇〇三年取得美國明尼蘇達大學的博士學位之後，我隨即返國，任教於大武山下台灣最大的綠色校園，也是國內唯一聚焦於野生動物生態及保育的研究所（即野生動物保育生物研究所）。我都告訴人家，我的研究室叫「熊窟」。理所當然，熊窟的人與事幾乎都繞著「熊」打轉，我不僅希望透過研究持續了解台灣黑熊與亞洲地區其他熊類（如婆羅洲的馬來熊、中國四川和越南的亞洲黑熊）的生活面貌，並提供經營管理所需的資訊依據，同時透過保育宣導和教育的推展，改善台灣黑熊甚至是鄰近其他地區熊類受威脅的處境，並有機會提升國人的生態保育素養。

鎖定以「熊」為研究核心並不容易，這樣的堅持，某種程度也是一種偏執。在博士論文研究期間，我在親手捕捉繫放十五隻黑熊的過程中，親眼目睹半數以上的個體不是斷掌，便是斷趾。無意中打開了這個封鎖在山林中不為人知的祕密檔案，連我自己也相當意外及震驚，說不定是深山裡的黑熊要給我的信息！保育不僅是純科學研究的資料收集，更需要找出問題之所在與因應的解決對策，並且確實落實行動，以解決問題。因此，我默許，只要能力所及，將盡最大力量去改善這些動物的處境。另一方面，我因愛山而擇熊，因熊再入山，並因山而學習及成長，自是希望可以訓練出一批同我一般喜歡野生動物生態、熱愛生命及大自然，並具備保育和野外研究素養的研究生。

不管是在野外或圈養的環境下，國內有關熊類的各項資料收集都極不容易。台灣黑熊一般分布在人煙稀少的山區，這些地方交通不便、補給困難、地形崎嶇且林相複雜，加上黑熊的活動範圍廣大，研究者首先得克服體能上的限制，並具備適當的山林活動經驗。相較於小型動物的研究，這類大型動物的研究也相對地費時耗資，唯政府的預算編列未必全然考量到這一點。這些動物除了數量稀少之外，習性機警且隱蔽，對於人類活動敏感，更增加了觀察或資料收集的難度，研究資料累積緩慢。至於國內幾個圈養單位，熊隻個體也都零星分散在各地。所以，在研究生專業和素養的養成上，以熊為題不僅耗時，有時也未必會獲得「希望可以最快速度畢業」的學生青睞。

一樣的大分，不同的意義

第一次去大分是十四年前的事了。當時，大分代表一個遠到連獵人都不會想去、幾乎是對外封鎖的險境。經過三年如進自家廚房的出入後，大分不再只是一個研究樣區，對我而言，更是一個可以睹物思人和憶熊的地方，也是我魂縈夢牽的心靈故鄉（soul-home）。如今，更以友善的風貌展臂歡迎我這個老朋友。

在我回到美國撰寫博士論文的那年，玉山國家公園管理處於大分駐在所黑熊研究工寮的下層台階地、不到五十公尺處，興建了一棟研究站，還掛有門牌號碼（卓溪鄉卓清村一〇一—七號）。屋內有工作室、通鋪房、浴室、儲藏室和電源室五個房間，另有獨立的廚房和廁所（有沖水馬桶），配備太陽能發電板。不僅有電源供應，還可在浴室裡洗熱水澡，讓人在荒山野地裡仍略可感受文明的恩寵。相對於這般五星級飯店的水準，早已倒塌的鐵皮工寮（當初親手搭起的庇護所）此時正低調地靜靜躺在草叢中，屋前還豎立著一面字跡早已模糊不清的解說牌，成為我曾在此區活動過的唯一證據。

八通關日據越嶺道東段沿途傾斜或橋面稀落的危橋不再，最後的大分和十號吊橋也相繼在二〇〇一和〇〇二年陸續整建完工。這段期間，沿途殘破不堪的棧道和山屋（瓦拉米、抱崖）也逐一修復或建造，此後上山的人無需再心驚膽跳地爬過濕滑且毀損的棧道，背著厚重的雨布沿途宿營。加上玉管處每季都會派人上山維持路況、砍草和修護路面，山徑路跡清晰，不必再像當年我們前進大分，幾乎得一路「砍」進去，沿途的螞蝗也不再爭先恐後地埋伏於路徑上，伺機要對人一親芳澤。今昔相比，真可以說是「前人種樹，後人乘涼」。

重回大分，上山之路雖然一樣長，也仍得重裝，卻充滿了遊子「回家」的輕盈愉悅，更遑論心靈的解放，已不再有當年猶上戰場或「入虎山」的慷慨激昂。不知是山路真的變好走了，還是一路走過來的人心變得更堅強、更篤定，而步伐也更穩建了！

窮則變，變則通

如今的大分，我把它視為台灣黑熊季節性高密度基準區，期冀它可以受到相關單位的重視，發展為長期黑熊族群監測和生態研究的重點區域。大分的青剛櫟果實除了提供黑熊重要的季節性食物資源之外，並影響黑熊甚至其他共域的許多野生動物的年間和季節性的活動程度。對於監測園區，甚或全島性的台灣黑熊的族群變化及遺傳結構，扮演著重要角色。到目前為止，我在台灣還沒有發現其他像大分之於黑熊這樣的獨特地方。入秋之後，大分便用青剛櫟堅果的魔力，像磁鐵般把玉山國家公園附近的黑熊都吸引了過來。

博士論文的研究之後，在學校的教學和培訓研究生的工作考量下，我持續向玉山國家公園管理處提出有關台灣黑熊的保育宣導和研究計畫的申請。野外研究以大分為探索台灣黑熊族群和生態習性的重要基地，雖然地處偏遠，但畢竟還是台灣黑熊最容易掌握的地方。每次上大分調查的基本套裝行程為十天、四至五人的團隊。目前大分黑熊的監測研究計畫邁入第七年，這個地方也變成有興趣從事野外研究工作的研究生的集訓地，或為「熊窟」研究生及「熊迷」的朝聖地。另外，也因為野外調查工作繁重，這計畫至今吸引了上百名志工上山協助，有些甚或多次上山，成為我後來的學生或工作夥伴。

面對這樣資料收集困難的情況，我曾幾次試著遊說其他學者參與，希望可用揪團的做法與其他可能有興趣的研究者一起在大分做研究，但多是因為研究地點太偏遠了而作罷。就可及性來說，這仍是國內最偏遠的研究地點，除非有特殊理由，不然研究的投資報酬率實在很低。既然「擇熊而居」，實也顧不得當今以科學期刊論文發表為主要評鑑學術表現的氛圍了，但求無愧我心即可。當然，或許另一個原因是政府公部門缺乏跨單位、整合型的台灣黑熊保育研究計畫，資源有限而未能吸引專才投入，以有效地共同尋求台灣黑熊研究和保育的解套之道。

既是求人不如求己，台灣黑熊和大分也都是我個人的選擇，我決定倚靠自己的團隊合作及長期研究的策略，以提升研究效率。在單一個研究計畫的經費支持下，每次黑熊野外調查通常會含括多項的研究子題，這些都是事先規劃日後可以分析探討的主題，所以年度研究報告的資料就不會只限於當年計畫執行期間內所收集的資料而已。只不過這樣的做法，不僅讓每次調查都有忙不完的資料收集工作，經費的使用也經常入不敷出。

捕捉和無線電追蹤可以了解動物的去向和活動狀況，但並非是研究黑熊的唯一方法，事實上這是最耗時費資的。大型且稀有的台灣黑熊的研究很困難，但只要能夠多獲得一份資訊，那怕是一個熊出沒位置、一個爪痕、一坨糞便、一撮毛髮或一份血液樣本，都能夠一點一滴豐富台灣黑熊的研究資料庫，建構探索台灣黑熊世界的一條路。上山例行性收集的資料，除了各項黑熊痕跡及分布紀錄之外，採集的樣本包括排遺及毛髮，後者主要提供族群遺傳分析，排遺則可分析食性、營養、腸道寄生蟲、繁殖及其他類固酮賀爾蒙等。現場的調查有時也隨階段性的研究主題而變動，例如植物的議題包括了該地青剛櫟森林的植群組成和開花結果的物候週期，青剛櫟的結果量估計和週期變動監測、森林更新，以及種子掠食和播遷的研究等。其他的研究主題則涉及青剛櫟結果週期及其他共域物種的交互作用，黑熊和其他大型哺乳動物的季節性豐富度變化，以及採集野外黑熊食物進行營養分析等，目的之一即在協助釐清台灣黑熊於生態系的角色及功能。

為了鼓勵喜歡爬山的學生去大分進行研究，我也得絞盡腦汁想出一些可行又有意義，但不要太難的研究題目（碩士論文或大學部專題討論），因此就不見得所有的研究都直接或百分之百與黑熊有關了。一些野外不易觀察到的生態習性，有時則可透過少數的圈養個體，了解黑熊的生態習性，發揮研究效能。因此，有些研究生遂以圈養黑熊為觀測對象，或可在人為操控的環境因素的情況下從事試驗，或以此為部分資料收集的方式，以支持野外的觀測結果。這些包括黑熊繁殖及育幼行為、消化及代謝生理、覓食行為等。所以，我們逐漸與國內幾個黑熊圈養單位（如特有生物保育研究中心、台北市立動物園、高雄市壽山動物園等）有密切的合作關係，建立了團隊合作的默契，進一步提升圈養個體於保育研究上的功效。

以二〇〇六年和特有生物保育研究中心的合作案為例，我們針對兩隻幼熊進行擬野化的試驗，除了觀察到母熊與小熊的互動關係之外，也記錄到幼熊取食超過一百五十種的各式食物，累積相當多寶貴的資料。結果正如國家地理頻道的影片紀錄，最終野放並沒有成功，但我學到了寶貴的一課。保育的做法，保守抑或激進，有時恐難有絕對的對與錯，當下看似合理的做法，也未必會及時擄獲關鍵人士或單位的支持；然若欲行之久遠，除了需要具備專業的考量（素養及權威），最好也要有愈挫愈勇的心理準備。

綜觀回國後這幾年的經歷，我慢慢發現，當初的黑熊博士論文研究似乎已充分地儲備了我後來繼續從事黑熊研究和保育所需的種種能量，包括克服對不確定的恐懼，以及應對人事和挫折種種所需的灑脫和淡然。

福爾摩莎的尋熊之旅

除了玉山國家公園之外，為了釐清台灣黑熊在全島的族群和分布狀況，二〇〇六至二〇一〇年（農委會林務局委託的三年研究計畫），我們組成了一支與其說是陣容堅強的野外黑熊調查小組，不如說是尋熊「特戰隊」更貼切一些。

參與的成員都具有豐富的登山經驗，刻苦耐勞的精神不說用，負重力更是個個比我強。相較於這些武藝高強的學生、助理或志工們，我唯一的強項最後只剩下對動物痕跡的敏感度和山野危機應變力而已。野外實地的痕跡調查含括二十個調查樣區，海拔從四百至三千六百公尺不等，從北側的宜蘭比亞豪和南、北插天山區，向南延伸至屏東的旗鹽山、舊萬安舊平和山區。這些地區都是近二十年來尚未有黑熊出沒紀錄的山區，可見應該不是熊跡罕至，便是人煙稀少的化外之地。

同樣是爬山，我們卻不是為了專攻三角點和合影留念，而是在大（樹）海茫茫中尋覓黑熊蹤跡。每天紮營地點幾乎都不一樣，行程充滿驚險和驚豔。我們多次在大雨中，偶或入夜，因找不到適當的營地而緊急紮營在箭竹叢林中，半坐姿或彎身屈膝，順著草叢或地勢而睡。有一回在卑南東稜，隊友也曾因不慎墜崖，頭破血流，最後搭海鷗直升機下山救護。

縱橫於中央山脈群山谷壑之中，令人欣慰的是，台灣後花園的山林竟還如此重巒疊翠，綿延不絕，還有許多令人瞠目結舌的各式草木森林和野生動物。我們多次在陡峭的碎石坡上看到，形同飛簷走壁的台灣野山羊（或稱長鬃山羊）；為了躲避樹梢上空盤旋的猛禽，而驚惶失措的小水鹿斑比，一股腦兒衝到我們膝下。在迷濛的晨霧或細雨中，伴隨著冷颼颼的高海拔寒風，我們也曾與二三成群、慢條斯理吃著草的水鹿對望，或瞥見頂著壯觀巨角的大水鹿縱身一躍，高傲地馳騁於草原上。在永無止境的漫漫山徑上，我們也會時而遇見藍白分明、豔麗奪目的藍腹鷴，被山羌或水鹿嘎然一聲的長鳴驚醒，及時喚回早已淹沒於濕與熱潮中的靈魂。生命尊嚴的震撼，就在這麼短短的瞬間。遺憾的是，縱橫山野近五百天的日子裡，我們卻都無緣與心之所繫的台灣黑熊邂逅。就連驚鴻一瞥的影子也無！

不意外的也是，我們僅在一處地方沒有發現非法狩獵的跡象，其餘調查樣線皆有不同程度的狩獵活動，多半是在離部落一、二天的路程內。我們甚至在北插天山區目睹了「空林」（empty forest）的場景，這是一九九九年由Kent H. Redford所提出，指在外觀上植被完好的森林中，很多大型哺乳動物因為人為過度狩獵而消失殆盡，整個森林生態系因而喪失了原有的生態功能。

北插天山是早期台灣黑熊於北部的重要分布地區，位於以巨木林聞名遐邇的拉拉山區。如今這兒的清晨卻少了鳥聲的起床號，一大清早就靜得令人不寒而慄，更甭提響徹山林的山羌、山羊的鳴叫了。我通常不太會去擾動獵人的陷阱，但是有的調查地區則發出腐屍的惡臭或猙獰的動物白骨，或好似沿著山徑無限延伸的「陷阱路」，如四季林道、比亞豪、舊萬安—和平社等。此時，我就再也按捺不住，一邊默唸「對不起」、一邊手拾樹枝把靜靜隱藏在山徑旁的陷阱機關觸動，只盼今天這兒的殺戮味能稍稍緩和一丁點兒。這些陷阱雖然無意捕捉黑熊，但熊卻可能因此而被誤捕，輕則傷殘（斷趾或斷掌），重則死亡。這樣的狩獵方式也不符合傳統「取之有道」的狩獵文化。

最近，日本友人寄了一份資料給我，讓我十分感慨。以同屬於亞洲黑熊的日本黑熊為例，根據特定鳥獸保護管理計畫，二〇〇七年日本各縣政府對於野外族群經營管理的總預算為四千三百萬元，相當於台灣歷年來對台灣黑熊研究保育的總投資金額；以近二十年的資料來看，台灣平均每年挹注於黑熊的經費約兩百萬元。就有關黑熊的研究者而言，日本目前約二十五人，其中全職者佔三分之二；台灣則僅需一隻手便可盡數。在台灣，黑熊為瀕危物種，數量可能只有數百隻，遠低於維持永續族群所需的兩千隻；但在日本，黑熊則估計有一萬五千隻，每年並允許狩獵兩千頭，包括合法狩獵及危害控制的數量各一千隻。就黑熊歷史的分布面積比例而言（不含北海道），日本的面積約為台灣的八倍，但日本的黑熊數量卻為台灣二十至五十倍。同樣都是有V型斑的黑熊，卻因為人而有著不同的運途，台灣黑熊何時可以平反？

由於人與大型野生動物活動空間的區隔，以及缺乏對於這些動物充足且正確的資訊，一般人很難了解台灣黑熊或是其他的大型哺乳動物。唯有前進至黑熊所在的地方，才能實際略窺問題的一二，我便是少數有緣獲得了這樣的機會的人。偏偏不是有熊國度太過偏遠，便是見熊非易事，而野外研究黑熊的人也比黑熊更稀有。表面上看不到的，並不意味著問題不存在。因此，要說服人對於野生動物或瀕危物種採取積極的保育行動，不管對一般民眾甚或政府來說，都不是件簡單的事。尤其在社會、經濟環境及文化價值急遽變化的現在，由於諸多變數及不確定性，我們很難確定黑熊的狩獵或誤捕壓力將在短期內降低。這些因素包括狩獵行為和技術的轉變、黑熊產製品的市場需求和價格、進入黑熊棲息地的道路增加、傳統文化對狩獵活動的限制式微，加上人們對熊的恐懼仍然存在。這些因素都增加了預測台灣黑熊未來命運的複雜性。

漫步熊徑上，逐夢踏實

有時候，我也搞不清自己是因為對山林的愛慕，還是純粹賭氣，而持續台灣黑熊的研究？因為太過專注了，我有時不免覺得自己像是一隻穿著衣服、會思考的熊。腦子轉來轉去，怎麼都是一個「熊」字。

事情之所以這麼一發不可收拾，對我而言再簡單不過了：在中央山脈一個連獵人都不願意前往的山區，我親手捕捉繫放的十五隻黑熊中，有八隻便曾誤中獵人設置的陷阱而斷掌或斷趾，對此，我一直無法釋懷。這是台灣黑熊要告訴我的故事嗎？這是台灣人都知道且默許的事嗎？

脫離研究生的身分後，我知道，若光靠自己的研究而沒有推展黑熊保育教育或甚請命，恐怕很難在短時間內改善台灣黑熊的處境。回國後的當務之急便是向玉山公園管理處爭取設置「台灣黑熊保育研究網」的經費，儘可能把黑熊相關的研究和保育資訊，透過網路系統來推廣。這也是當初還在當研究生時一直想做的事。為此，我也必須做些改變才行，於是我試著調整自己的心態，調整與媒體的互動關係，雖不主動附和，但起碼不再逃避了，並於能力所及之內儘量提供充分情資，讓媒體能夠為黑熊正確地發聲；然若偶遇嚴重偏頗或失真的報導，則即時回應或利用報紙的社論撰寫，以釐視聽。

這幾年全島野外調查和訪查的所見所聞，讓我不得不相信野外台灣黑熊的族群狀況沒有預期中的樂觀，不是每個地方都像大分這個有熊國這般，尤其是北台灣，狀況更差。哪怕是現在，很多人對於這號動物仍是相當陌生，甚至充滿諸多誤解，更遑論不了解牠們堪憂的處境。

然而，令人欣慰的是，這幾年下來，我也發現台灣一般民眾對於台灣黑熊的興趣和關注程度，遠遠超出我的想像，甚或可能超越公部門被賦予的義務。後者於執行面上有也面臨著諸多的限制，尤其是當政治和其他人為因素大多是凌駕於其他生物議題的前提下。一些素昧平生的民眾，偶或企業，主動和我聯繫，詢問如何幫助台灣黑熊，或是怎麼幫助我。很多人相信，台灣黑熊代表著台灣意象，不容消失；我們也無權剝奪下一代的自然文化襲產，罔顧世代及環境正義。因此，採取積極的保育行動是挽救瀕臨絕種動物的當務之急，其中最重要的莫過於同時提升政府和民眾的保育認知和行動力，以期保障該族群的未來存續。

以前我總以為，自己只適合投身研究工作，絕不可能涉足街頭運動，如今看來似乎並非完全此。在一票關心黑熊的友人（多是因熊而結識）的力挺和勸進之下，「台灣黑熊保育協會」（Taiwan Black Bear Conservation Association，www.taiwanbear.org.tw）於前年正式掛牌成立。我無法推託這個社會責任，因為總得提供民眾關心黑熊保育的管道，並藉此窗口動員社會以匯集推動黑熊保育業務所需的各項社會資源。協會成立的宗旨在推廣台灣黑熊的保育及研究，並與國內外保育組織或單位合作交流，提升我國及其他地區熊類的保育水準。這一切都好像水到渠成，但說穿了，戲也才剛要上場而已。對我而言，這畢竟也是另一條陌生且充滿挑戰的路。

我常開玩笑說，誰最愛台灣？答案是台灣黑熊。因為「熊愛台灣」（台語）。如果我們對台灣黑熊瀕臨絕種的處境都覺得無關痛癢的話，又如何做到「熊愛台灣」呢？

附錄

一、認識世界上的熊

在所有動物之中，熊算是最討喜的動物之一。熊科動物是現存陸地上體型最大的食肉目動物。其體態多呈粗壯，頭圓大而吻長，耳小尾短，前後肢皆有五趾，爪長不能彎曲，身披厚毛，蹠行性。食性多雜，適應力強。

世界上共有北極熊、棕熊、美洲黑熊、亞洲黑熊（台灣黑熊為其中七個亞種之一）、馬來熊、懶熊、貓熊、眼鏡熊八種熊類，分布範圍涵蓋了南、北美洲、歐洲、亞洲、極地區域。除了美洲黑熊、北極熊、棕熊已有長達四十年以上長期而廣泛的研究歷史之外，其他物種的相關資料則是較為稀少，而且面臨相似的處境：急劇減少的野外族群，日益縮減的分布範圍。威脅存續的主要壓力不外棲息環境地的減少與碎片化，以及為了移除衝突或從中獲取商業利益的非法獵捕活動。

二、台灣黑熊與生態系

根據早期的紀錄，黑熊曾廣泛地分布於台灣低至高海拔的森林地帶。由於棲息地的破壞和過度的獵捕（有意或誤捕所致），黑熊野外的數量急劇地減少，分布範圍日益縮減，現今分布主要侷限

台灣黑熊分布圖

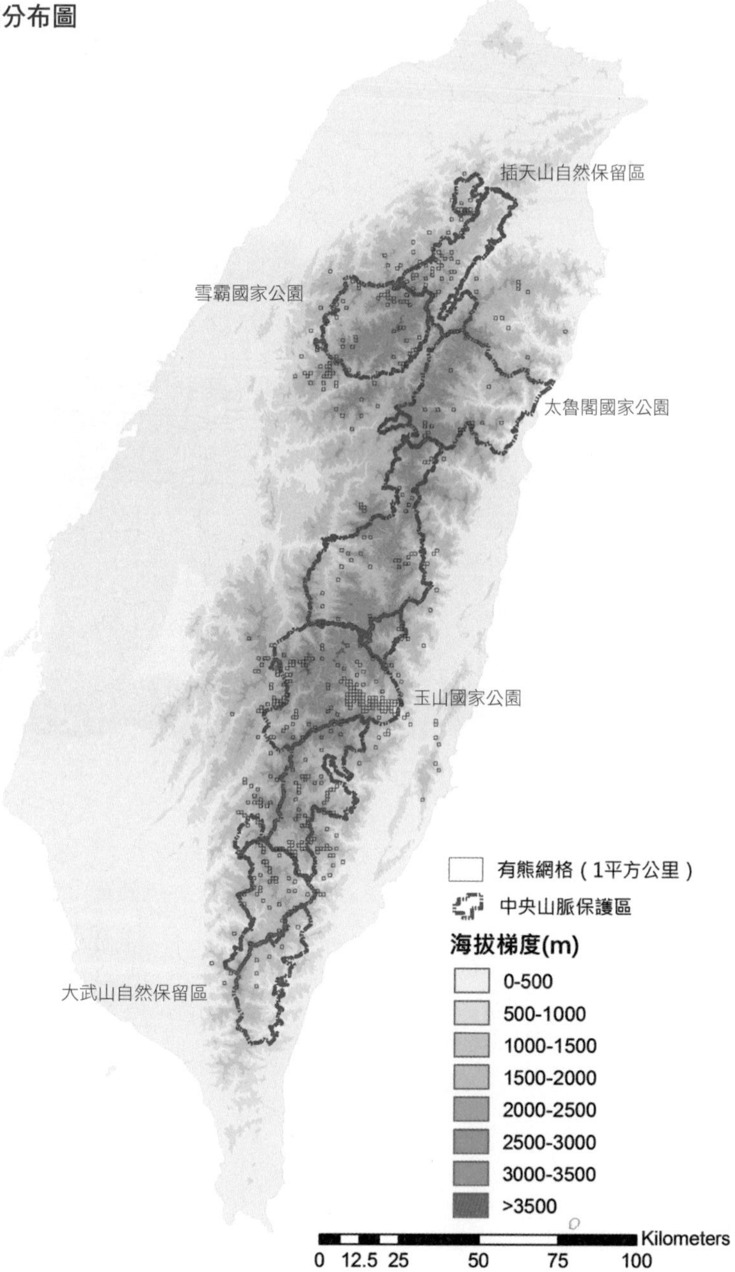

資料來源：1990-2010年的有熊紀錄

台灣黑熊正面圖

耳

大而圓，8-12公分。

頭

頭圍40-60公分，頭長26-35公分。黑熊頭寬，吻短，鼻端裸露，鼻吻部與狗的相似，俗稱「狗熊」。嗅覺十分靈敏。

後掌

黑熊腳墊裸露無毛，腕墊與掌墊之間相連，掌墊與趾之間有一撮短毛白。後掌墊較前掌墊為長而窄，呈倒三角形，長18-22公分，寬9-13公分。

眼

眼睛看起來格外小，在中國大陸又被稱為「黑瞎子」。

牙齒

強大的犬齒是食肉目動物的典型特徵之一。牙齒輪的切片鑑定可以判斷動物的年齡及雌熊的生殖情況。

白色V字

胸部有明顯的黃白色V字形或新月形斑紋，故有「月熊」之稱。

前掌

前掌墊寬大厚實，長15-20公分，寬10-16公分。

體長 吻端至尾巴120-180公分

體重 50-200 公斤

體溫 37-39℃

呼吸 6-14次／分鐘（休息）；40-80次／分鐘（熱或運動）

脈搏 40-100次／分鐘（休息-步行）

乳頭 三對乳頭

尾巴 尾巴極短，不明顯，不及10公分於少數的保護地區及人為干擾較少的偏遠山區。目前，玉山國家公園便成為台灣黑熊長期研究和保育的要角。

二千五百公尺以下的低及中海拔山區，以闊葉林和針闊葉林混合林為主，森林以殼斗科及樟科植物為優勢，除了可以提供黑熊適當的隱蔽之外，這些果實更提供了重要的食物重要來源。若無人為干擾，這些山區環境便是台灣黑熊活動的主要範圍。

黑熊在台灣自然森林生態系統中，是食物鏈最上層的消費者，也是長距離的種子播遷者。牠們是重要的「旗艦物種」，扮演「牽一髮，動全身」的重要角色，也就是說牠們的功能表現皆會影響到許多其他的生物，甚至是整個生態體系的運作和功能。

三、台灣黑熊的身體構造

台灣黑熊體型粗壯，頭圓頸短，眼小吻長，臀圓尾短。成體體重約五十至兩百公斤，體長（鼻端至尾巴）一二〇至一八〇公分。黑熊全身被以粗糙但極富光澤的黑色毛髮，下頦前端白色，最大的特徵便是胸前的黃白色V字形或新月形斑紋。台灣黑熊的別名有狗熊、月熊、Tumaz（布農語）。

黑熊孔武有力，同時也是精通十八般武藝的武林好手。能涉水用「狗爬式」游泳，更善於爬樹。據估計，黑熊跑步的速度可以高達每小時三十至四十五公里。嗅覺和聽覺極為靈敏。在野外，我們往往只聞其聲或只見其痕，而不見其影；若遇危險，則可迅速逃匿。探查四周動靜或受到驚嚇時，甚至能夠像人一樣站立行走。

四、台灣黑熊的活動習性

很多人誤以為黑熊只吃肉，其實牠們是標準的雜食性動物。一般以植物性食物為主，各種植物的芽、葉、莖、根、果實及菇類都吃，也吃蚯蚓、昆蟲、蝦、蟹、魚類、哺乳類，喜挖蟻窩和掏蜂巢吃。隨著環境資源的四季變動，黑熊的主食也呈現明顯的季節變化。

黑熊體型雖壯碩，卻善於爬樹，利爪在樹幹上留下深刻的爪痕。黑熊進食時，除了站立直接低頭取食之外，也常會或坐或臥，利用二前掌合抱捧持食物入口。對於食物中不易消化的部分，則會吐出來，只吃果肉部分，比如堅硬的橡殼或粗糙的果皮等。

秋冬季節，黑熊以脂肪含量豐富的堅果為主食，例如山胡桃、殼斗科的橡實。圖為青剛櫟。

黑熊的食物有明顯的季節變化。春季時，黑熊以新鮮多汁的嫩草、樹木的幼芽及嫩葉為主食。包括姑婆芋果實、懸鉤子、楠籽、山枇杷、台灣肉桂。夏季則以各種富含碳水化合物營養的果實和漿果為主食，例如懸鉤子、山枇杷、獼猴桃及各種樟科的果實（如紅楠、大葉楠、台灣雅楠、香楠及台灣肉桂）。秋冬季節，黑熊以脂肪含量豐富的堅果為主食，例如山胡桃、殼斗科的橡實。

基本上，黑熊是個「機會主義覓食者」，幾乎有什麼就吃什麼。有時他們也會偷襲山上獵人的工寮，翻吃可下肚的食物，或尋著獵人的小徑，吃掉中了陷阱的獵物或屍體。若在

黑熊會將芒草壓折並編折成似碗的形狀，外觀上像是個大鳥巢，中間凹陷，其外徑八十至一百五十公分，內徑六十至一百公分不等。

植物性食物短缺之時，黑熊則會增加捕食其他動物的機會。至於證實是黑熊破壞人們農作物的情況，則十分罕見。

台灣黑熊具有另一奇特的築巢行為。牠們會將芒草壓折並編折成似碗的形狀，外觀上像是個大鳥巢，中間凹陷，巢位在該芒草叢基部或是直接位於旁邊被壓下的芒草上方，其外徑八十至一百五十公分，內徑六十至一百公分不等。根據有豐富狩獵經驗的原住民表示，黑熊有時會埋伏於動物出現頻繁的地點，壓折芒草成巢以坐臥其上或躲藏於樹上，待獵物經過時，撲捉該動物。只不過，熊窩的確實功能目前仍是個謎！

因為季節食物並不缺乏，台灣黑熊沒有冬眠的現象。牠們終年活動，沒有固定的居所，常是走到哪兒、睡到哪兒，有時就直接趴臥於地上。黑熊也會選擇較為隱蔽，可以遮風避雨之處落腳，例如大樹根下或石洞內。

黑熊性喜甜食，常見的取食蜂巢屬於一般我們所稱的土蜂（中國蜂）。這種蜜蜂會築巢在地下、石洞或樹洞之內。由於洞口通常不大，黑熊會將前肢伸入洞內，挖扒蜂巢，或用牙齒咬掉洞口的木材，吃下蜂蜜和蜜蜂。黑熊也會吃築巢於樹梢的虎頭蜂蜂巢，熊會爬到樹上，用掌將蜂巢打落，然後再爬下樹，吃掉蜂巢。若遇蜂群的叮咬，熊常不多予理會，繼續進食。

五、何處尋熊跡？

黑熊的野外族群十分稀少，生性機警，活動隱密，加上大多活動於植被茂密的環境，因此野外目擊黑熊十分困難，多是驚鴻一瞥，更不要說是欲持續觀察和記錄牠們的行為了。因為動物數量少且不易接近，我們多半只能藉由動物活動所遺留下來的各種蛛絲馬跡，再配合周遭環境的狀況，概略地了解牠們的生態習性。較容易發現的黑熊活動蹤跡，包括足印、爪痕、排糞及食痕等等。

足印——台灣黑熊的前、後肢各具五趾，趾上有爪，爪彎曲而銳利，但無法如貓一般的自由伸縮。其掌面裸出，行走時，整個腳掌著地，是為「蹠行性」。由於黑熊具有很大的足印，故不易和其他野生動物的蹤跡混淆。黑熊後腳內撇，行走時，左右兩側的腳印會明顯分開，後腳印常會踩在前腳印之上或略前方；腳趾前方的爪痕，則不易被發現。

黑熊糞便為長圓柱狀，與人的極為相似，直徑約二至四公分，顏色、味道、質地則因攝食的食物種類及已排出的時間而異。

排糞——黑熊糞便為長圓柱狀，與人的極為相似，直徑約二至四公分，顏色、味道、質地則因攝食的食物種類及已排出的時間而異。除非天氣乾燥，否則糞便排出後，通常很快就會被分解掉。如果攝取大量多汁性的漿果，排糞則較柔軟而黏稠，內含的許多未消化的植物纖維、種子、果皮。如果以動物性食物為食，糞便的顏色通常很深，味臭，常可發現動物的毛髮及骨頭碎片。

台灣黑熊在樹幹上留下的爪痕（母熊及小熊）。

爪痕、食痕——黑熊長爪強硬而彎曲，不能伸縮，熊掌成了從事各種活動不可或缺的工具，或是防禦武器。黑熊於樹上攀折樹枝取食時，由於體重力大，無法直接伸頭用口取時樹枝末稍的果實，遂用前掌將樹枝拉近或是折斷，於是樹冠上或樹底下便有無數的斷枝，這種破壞有時因此對樹冠造成極大的殺傷力，像是颱風嗞虐過一般。

在結實纍纍的樹上，若有發現直徑大於一公尺以上、由樹枝構成的「大鳥巢」，那是黑熊在採食樹上果實之時，拉近結實纍纍的樹枝，邊吃邊拉，或坐或站，並常將樹枝折斷或咬斷，並堆疊在樹叉上，形成的一個形似大鳥巢的大坐巢或平台。

嘔吐痕——我們多次在遭受黑熊破壞的營地附近發現黑熊嘔吐的痕跡，裡頭多半是沒有消化完全的米粒。布農族的原住民獵人形容黑熊是貪吃的「餓鬼」，會吃飽了就吐，吐完了又吃。這可能與吃下大量不容易消化的食物有關。此外，黑熊若遇食物一次吃不完，常會在食物附近休息，不會離開太遠，休息醒後再繼續吃。

六、人熊關係

不少人誤以為黑熊是凶猛、攻擊性強的危險動物，然而在一般情況下，黑熊通常不會主動攻擊人。從野外與熊不期而遇的經驗來看，台灣黑熊遇人多半會自動走避。所以，人最適當的對策就是安靜地脫離現場，「保持距離，以策（兩者）安全」。

在台灣許多原住民的狩獵傳統裡，都有禁獵黑熊的禁忌。泰雅族、太魯閣族、布農族等皆認為黑熊的習性如「人」，視殺熊如同殺人一般，會為獵殺者或其親人帶來厄運，比如生病、死人或穀物歉收。因此，早期的獵人對於黑熊多抱持敬而遠之的態度，除非必要，否則不會刻意去獵熊。然而，不僅傳統的文化式微，在優渥的市場經濟利益驅使下，也增加了黑熊被人狩捕的壓力。不少黑熊（尤其是幼獸）除了會誤中獵人為了捕捉其他動物而設置的各種陷阱之外，在獵人「看到什麼，就打什麼」的觀念下，有些黑熊也因此而淪為槍下魂。更糟糕的是，在傳統漢民族的中藥和食補文化中，黑熊從頭到尾幾乎皆可入藥，包括膽、脂、骨、肉、血等。一隻死後的黑熊竟可賣得一、二十萬元。

原住民獵熊合照。

儘管，黑熊已是被立法保護的「瀕臨絕種」保育類動物，禁止所有捕殺、買賣和實用，但這些非法活動的新聞不僅仍時有所聞，而且多轉為祕密的活動，暗中進行，更令人堪憂。威脅台灣黑熊存續的壓力，並沒有因為保育立法的程序而消失無蹤。民眾對於台灣土地的愛與關懷，充分而正確地了解黑熊生態習性，以及生態保育觀念的著根落實，才是治本清源之所繫。因此，一般民眾可以做的保育黑熊行為：不吃（使用）和不買山產、不捕殺黑熊，並將黑熊保育相關訊息與周遭的人分享。

七、台灣黑熊研究實態

於本研究之前，台灣並沒有任何直接捕捉繫放野外黑熊的研究。「捉熊」是追蹤研究野外黑熊的第一步，選擇安全的陷阱，適當的捕捉季節、地點、陷阱位置，以及使用對熊有吸引力的餌料，是主要關鍵。接下來，除了耐心等待之外，研究人員也得具備高度警覺心和觀察力，不斷改善捕捉方法，提高捕捉效率，因為有的熊會識破陷阱，學會吃餌不上「鉤」。

麻醉野外黑熊的過程十分危險，對熊和人皆如此，最基本的原則便是確保「人熊平安」。此時，研究小組成員的經驗和默契就顯得更重要了。黑熊被麻醉之後，研究人員便開始為黑熊秤重，進行各種基本的形質測量，包括全長、頭長、頸圍、胸圍長、肩高、前後足的長度及寬度等等；判斷性別及大致年齡；植入晶片，上耳標；收集血液、毛髮、外寄生蟲的樣本；檢查健康狀況，持續監測動物的體溫、呼吸、脈搏速率。通常在一至一．五小時的操作之後，麻醉的黑熊逐漸甦醒，蹣跚離開現場。

研究者於被麻醉的黑熊頸部掛上一個會發出特定頻率（164MHz），重量約〇・五至一公斤的無線電發報器。此發報器上特別加裝的一片牛皮，經過一、二年的風吹日曬雨淋後，會斷裂而使頸圈自動脫落。發報器的訊號可以告訴研究者，熊在做什麼，在哪裡。研究者從接收器接收到發報器的訊號「嗶—嗶—嗶」中，可以藉由訊號的強弱及速率變化，了解黑熊是在活動還是休息，也可以藉由偵測訊號的來源方向，估計牠的所在位置。

理想的無線電追蹤技術是三角定位法，由二位研究者在不同地點，利用接收器和天線，同時找出訊號最強的方位角，這些方位角所交會之處，即是估算的動物位置所在。這些定位點資料的累積，可以讓人了解黑熊的移動路徑、活動範圍大小和棲地利用的特色。

在台灣山區無線電追蹤大型野生動物，「逐熊而居」是極度艱辛的任務。因為研究地點地處偏遠，往往是崇山峻嶺、森林茂密、交通不便，步行追熊造成技術上應用的困難，加上研究者基本生活及補給上的不便。因此，野外求生往往是第一課，皆下來才是研究技術的施展。

無限感銘於心

本研究及本書的順利完成，要感謝許多單位、師長、夥伴的協助：

內政部營建署玉山國家公園管理處、師大王穎教授、玉管處前處長張和平先生、祕書陳隆陞、蘇志峰、許雅儒課長、許英文、林志良主任、林淵源、謝光明、黃精進、吳萬昌、張俊育、柯明安、江丁祥、高忠義、林文博、邱創椿、印莉敏、蘇印慧、景碧秀、方良吉、金律志、Dr. David L. Garshelis、Dr. Dorothy Anderson、台大李玲玲教授、祁偉廉獸醫師、師大王震哲教授、吳煜慧、林政翰、洪炎山、鍾正一、李靜鋒、黃中乃、楊志賢、陶天麟、魏友仁、賴志節、林宗以、黃吉元、黃惠珍、劉崇加、蔡幸君、賴鵬仁、張家豪、許鴻隆、林志強、林志明、薛天德、黃瓊怡、吳俊達、蔡金助、賴建文、黃士誠、林嵩慶、江文雄、王晨凡、陳翠霞、陳怡君、王佳琪、楊翕雯、楊建仁、偉盟國際有限公司劉保宏先生、中興、亞太、德安航空公司、公共電視文化事業基金會、周大觀文教基金會、百岳文化事業有限公司、珍古德基金會、慈濟大愛電視台、黃朝強及鍾榮峰先生、國立台灣師範大學生物系、台北市立木柵動物園、彭金城先生、包括國際熊類研究及經營管理協會（The International Association for Bear Research and Management）、美國明尼蘇達大學生物保育研究所、麥克阿瑟學科整合研究所（MacArthur Interdisciplinary Program）、大地地理出版事業股份有限公司、中國商業銀行文教基金會、研華文教基金會、薇閣文教基金會、商周出版、彭之琬、何偉靖、遠流出版公司、黃靜宜。

最後，感激時時為我安危掛心，卻仍默默支持我的家人。

國家圖書館出版品預行編目(CIP)資料

尋熊記：我與台灣黑熊的故事 / 黃美秀著. -- 二版. --
臺北市：遠流出版事業股份有限公司, 2024.06
272面；22×17公分. -- (Taiwan style；88)
ISBN 978-626-361-712-4 (平裝)

1. CST: 熊科 2. CST: 動物保育 3. CST: 通俗作品

389.813 113006503

Taiwan Style 88

尋熊記
我與台灣黑熊的故事

作者｜黃美秀
總編輯｜黃靜宜
專案主編｜王慧雲
編務協成｜張詩薇
插畫｜王春子
美術設計｜林秦華
行銷企劃｜叢昌瑜、葉玫玉、沈嘉悅（二版）

發行人｜王榮文
出版發行｜遠流出版事業股份有限公司
地址｜104005台北市中山北路一段11號13樓
電話｜（02）2571-0297 傳真｜（02）2571-0197
郵政劃撥｜0189456-1
著作權顧問｜蕭雄淋律師
輸出印刷｜中原造像股份有限公司
2012年6月1日 初版一刷
2024年6月1日 二版一刷
定價380元（若有缺頁破損，敬請寄回更換）

ISBN 978-626-361-712-4

遠流博識網
http://www.ylib.com E-mail: ylib@ylib.com
遠流粉絲團 https://www.facebook.com/ylibfans

尋熊記影

Taiwan Black Bear

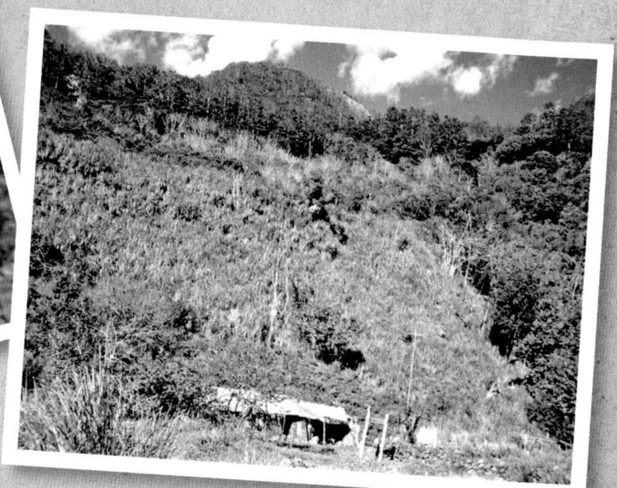

Taiwan Black Bear